珠宝首饰设计基础

Jewelry Design Basis

吴小军 主编 〉〉

杨 杰 戴继明 副主编 〉〉

辽宁美术出版社

图书在版编目（ＣＩＰ）数据

珠宝首饰设计基础 / 吴小军主编. -- 沈阳：辽宁
美术出版社，2012.7 （2015.7重印）
ISBN 978-7-5314-5135-8

Ⅰ. ①珠… Ⅱ. ①吴… Ⅲ. ①宝石－设计－教材②首
饰－设计－教材 Ⅳ. ①TS934.3

中国版本图书馆CIP数据核字(2012)第151522号

出版发行 辽宁美术出版社	地址　沈阳市和平区民族北街29号　　邮编：110001 邮箱　lnmscbs@163.com 网址　http://www.lnpgc.com.cn 电话　024-23404603 封面设计　洪小冬　彭伟哲　林　枫 版式设计　彭伟哲　薛冰焰　吴　烨　高　桐
经　销． 全国新华书店	印刷 沈阳博雅润来印刷有限公司印刷

责任编辑　方　伟　王　楠
技术编辑　徐　杰　霍　磊
责任校对　张亚迪
版次　2012年7月第1版　　2015年7月第2次印刷
开本　889mm×1194mm　1/16
印张　6
字数　160千字
书号　ISBN 978-7-5314-5135-8
定价　44.00元

图书如有印装质量问题请与出版部联系调换
出版部电话　024-23835227

学术审定委员会主任
清华大学美术学院副院长　　　　　　　　　　　何　洁
学术审定委员会副主任
清华大学美术学院副院长　　　　　　　　　　　郑曙阳
中央美术学院建筑学院院长　　　　　　　　　　吕品晶
鲁迅美术学院副院长　　　　　　　　　　　　　孙　明
广州美术学院副院长　　　　　　　　　　　　　赵　健

学术审定委员会委员
清华大学美术学院环境艺术系主任　　　　　　　苏　丹
中央美术学院建筑学院副院长　　　　　　　　　王　铁
鲁迅美术学院环境艺术系主任　　　　　　　　　马克辛
同济大学建筑学院教授　　　　　　　　　　　　陈　易
天津美术学院艺术设计学院副院长　　　　　　　李炳训
清华大学美术学院工艺美术系主任　　　　　　　洪兴宇
鲁迅美术学院工业造型系主任　　　　　　　　　杜海滨
北京服装学院服装设计教研室主任　　　　　　　王　羿
北京联合大学广告学院艺术设计系副主任　　　　刘　楠

联合编写院校委员（按姓氏笔画排列）

马振庆	王　雷	王　磊	王　妍	王志明	王英海
王郁新	王宪玲	刘　丹	刘文华	刘文清	孙权富
朱　方	朱建成	闫启文	吴学峰	吴越滨	张　博
张　辉	张克非	张宏雁	张连生	张建设	李　伟
李　梅	李月秋	李昀蹊	杨建生	杨俊峰	杨浩峰
杨雪梅	汪义候	肖友民	邹少林	单德林	周　旭
周永红	周伟国	金　凯	段　辉	洪　琪	贺万里
唐　建	唐朝辉	徐景福	郭建南	顾韵芬	高贵平
黄倍初	龚　刚	曾易平	曾祥远	焦　健	程亚明
韩高路	雷　光	廖　刚	薛文凯		

本书参编人员

陈炳忠	陈丹枫	张　颖	谢　晴	谭东风	李委委
李柱生					

学术联合审定委员会委员（按姓氏笔画排列）

万国华	马功伟	支　林	文增著	毛小龙	王　雨
王元建	王玉峰	王玉新	王同兴	王守平	王宝成
王俊德	王群山	付颜平	宁　钢	田绍登	石自东
任　戬	伊小雷	关　东	关　卓	刘　明	刘　俊
刘　敖	刘文斌	刘立宇	刘宏伟	刘志宏	刘勇勤
刘继荣	刘福臣	吕金龙	孙嘉英	庄桂森	曲　哲
朱训德	闫英林	闭理书	齐伟民	何平静	何炳钦
余海棠	吴继辉	吴雅君	吴耀华	宋小敏	张　力
张　兴	张作斌	张建春	李　一	李　娇	李　禹
李光安	李国庆	李裕杰	李超德	杨　帆	杨　君
杨　杰	杨子勋	杨广生	杨天明	杨国平	杨球旺
沈　雷	肖　艳	肖　勇	陈相道	陈　旭	陈　琦
陈文国	陈文捷	陈民新	陈丽华	陈顺安	陈凌广
周景雷	周雅铭	孟宪文	季嘉龙	宗明明	林　刚
林　森	罗　坚	罗起联	范　扬	范迎春	郇海霞
郑大弓	柳　玉	洪复旦	祝重华	胡元佳	赵　婷
贺　祢	部海金	钟建明	容　州	徐　雷	徐永斌
桑任新	耿　聪	郭建国	崔笑声	戚　峰	梁立民
阎学武	黄有柱	曾子杰	曾爱君	曾维华	曾景祥
程显峰	舒湘汉	董传芳	董　赤	覃林毅	鲁恒心
缪肖俊					

前言 >>

在人类的发展历史上，首饰一直伴随着人类的发展足迹，且与人们的生活习俗、文化审美、技术和观念等息息相关。无论是石器时代的各种石器装饰品，还是原始社会的骨器制品；无论是传统的手工艺首饰，还是现代工业时代中批量生产的时尚饰品，都充分展现了时代相应的生产条件和科学技术。一枚戒指、一款项链往往代表着一个时代、一个民族或一个地域的精神文化、审美倾向、价值观念和工艺水平。

在中国，传统珠宝首饰的设计和加工有着悠久灿烂的历史，有着精湛绝伦的技艺，是中华民族上下几千年智慧的结晶。如景泰蓝、烧瓷、花丝镶嵌、斑铜工艺、锡制工艺、铁画、金银饰品等传统工艺无不诠释着各个历史时期的辉煌。

在现代社会中，科学技术快速发展，随着人们物质生活的不断提高，首饰已经被赋予更多的形式、功能和情感。在首饰的材料、色彩、形态和结构上，已由传统的观念走向更为广泛的概念，在首饰的功能上，也已由原有的价值、装饰层面上升到时尚、个性和情趣层面。珠宝首饰不再是某一阶层或某个特定人群的产物，而是一个大众化的商品。时代的变迁和社会的进步，必然带来技术的改良和观念的更新。珠宝首饰在设计和加工上需要根据现代工业加工技术的要求，不断完善和创新，不断探索和追寻，才能创造出符合现代人需求的首饰产品。

本书着重从珠宝首饰的商务设计出发，结合珠宝首饰生产企业的设计要求，在高校的人才培养与企业对人才的需求之间探索其平衡点，力争通过高校的平台为企业培养合格的应用型人才。经过几年的教学实践总结得出：在珠宝首饰设计中，表现技巧是基础，技术水平是条件，设计创意是命脉，思维方式是根基，人文素养是保障，而准确的市场定位和规范的制图要求则是首饰产品最终获得成功的关键。我们力求通过简要的文字和翔实的图片，一步步带你进入珠宝首饰设计的成功之路。在艺术与技术上找到合理的表达方式，在理念和方案上寻求最终的设计定位，在设计和制作中明确市场的需求，为我国的珠宝首饰设计教育贡献一份力量。

本书在编写过程中，得到了广西壮族自治区教育厅的大力支持，获得广西高等学校特色专业及课程一体化建设项目，得到了梧州学院和艺术系各位领导和同仁的关心和帮助，也得到了我的家人和学生的支持，在此一并表示感谢！本书也存在一些不足，恳请各位读者批评指正为感！

目录 contents

前言

_ 第一章　概论　**007**

第一节　珠宝首饰概念 / 008
第二节　商务首饰设计理念 / 010
第三节　商务首饰的分类 / 012
第四节　商务首饰的功能和文化 / 014

_ 第二章　珠宝首饰材料　**017**

第一节　金属材料 / 019
第二节　非金属材料 / 023
第三节　宝石材料 / 024
第四节　仿真首饰的材料 / 026

_ 第三章　设计方法和程序　**028**

第一节　商务首饰的表现方式和工具 / 029
第二节　商务首饰设计的程序 / 032
第三节　商务首饰设计的基础 / 033
第四节　商务首饰设计的表现形式 / 044

_ 第四章　设计思维和案例　**060**

第一节　珠宝首饰商务设计的原则 ／ 061
第二节　珠宝首饰商务设计的设计思维 ／ 062
第三节　商务首饰的单件设计 ／ 072
第四节　商务首饰的主题套件创作 ／ 078
第五节　概念设计 ／ 079

_ 第五章　设计能力培养　**082**

第一节　创造能力的培养 ／ 083
第二节　设计能力的培养 ／ 084
第三节　综合能力的培养 ／ 085

_ 第六章　结构设计和配件　**087**

第一节　首饰结构 ／ 088
第二节　配件 ／ 091

参考文献

第一章 概论

本章重点》

理解珠宝首饰商务设计的相关概念和了解首饰的功能和文化。

学习目标》

能准确对首饰进行分类和正确掌握首饰设计的基本理论。

第一章 概论

首饰在现代社会中已经不仅仅是一种装饰品，更多的是一种精神、一种观念、一个符号或者一个标志。现代首饰设计受现代社会发展的影响，同传统的首饰设计相比已经有了质的改变。在现代社会高度发展和现代文明快速进步的过程中，人们对首饰以及首饰设计有了全新的认识，尤其是在追求个性化的今天，如何满足现代人对首饰的个性化需求以及如何达到现代人的审美水平就显得尤为重要。

第一节 //// 珠宝首饰概念

一、设计

"设计"一词源于英文design。第十五版《大不列颠百科全书》（1974）对该词作了明确的解释："Design是进行某种创造时，计划方案的展示过程，即头脑中的构思。"也就是说，设计是一种活动过程，将我们头脑中对某一事物的构思、计划、规划、设想通过视觉的形式完整地传达出来。

人类通过劳动改造世界、创造文明、创造物质财富和精神财富，而最基础、最主要的创造活动是造物。设计便是造物活动中进行预先的计划，任何造物活动的计划技术和计划过程都可以理解为设计。

根据工业设计师 Victor Papanek 的定义，设计（design）是为构建有意义的秩序而付出的有意识的直觉上的努力。即：

第一步：理解用户的期望、需要、动机，并理解业务、技术和行业上的需求和限制。

第二步：将这些所知道的东西转化为对产品的规划（或者产品本身），使产品的形式、内容和行为变得有用、能用，令人向往，并且在经济和技术上可行（这是设计的意义和基本要求所在）。尽管不同领域的关注点从形式、内容到行为上均有所不同，但是把"设计"理解为创造性劳动的过程却是得到大家的共识的。

二、首饰

随着历史的发展，人类社会的进步，社会分工的出现，尤其是物质文明和精神文明的高度发达，首饰不再是传统概念中的贵重稀有物品，而逐渐成为人们生活中的常见物品，甚至是某些地区、某些人群的生活必需品。

在传统的定义中首饰是指人们戴在头上的装饰品，后专指妇女的头饰、耳环以及项链、戒指、手镯等；在现代，首饰的定义更为广泛，泛指用各种材料（包括金属、天然珠宝、玉石、人造宝石，甚至塑料、木材、皮革等）制成的，用于个人及其相

图1-1 情侣对戒

图1-2 钻石戒指

图1-3　黄金饰品

图1-6　不锈钢耳环

关环境装饰的饰品。首饰概念的这种变化，其根本原因在于社会的发展、观念的改变以及人们对事物认识程度的提高。

因此，在现代设计中，标新立异的事物和个性化特征很强的产品更容易满足人们精神上的需求，获得青睐。

三、首饰设计

首饰设计指的是把首饰的构思、造型以及材料与工艺要求通过视觉的方式传达出来，并实施制作或生产的活动过程。

现代首饰设计，其含义包括符合现代艺术、现代加工工艺、现代商业及社会环境的各种首饰造型设计、首饰结构设计和首饰功能设计，是现代物质文明、艺术科学相结合的产物。所以，我们应结合各种学科，将先进的科学和技术融合进来，改变传统的首饰设计观念，丰富和发展首饰设计。

目前在市面中热销的首饰依然是传统首饰设计中的造型，款式的变化在丰富着首饰市场。但同质量化、同风格化和同造型化已经让很多的消费者感觉到了视觉的疲劳和审美的单一。尽管传统首饰设计中的改款、变款等设计方式依然占有很大的市场份额，但随着社会的发展，人们精神需求的进一步提高，全新的产品、全新的设计和全新的设计理念

图1-4　铂金戒指

图1-5　水晶手链

才会满足人们对首饰的渴望和需求。

现代首饰设计的理念是结合现有的科学技术创造新兴的首饰概念，是现代哲学、艺术、科学、技术、美学以及人文等多学科综合的结晶，而不再局限于某种固定的格式或者所谓的黄金法则，设计应以人为本，为人所用。

图1-7　18K金戒指

图1-8　18K玫瑰金戒指

第二节 ///// 商务首饰设计理念

一、商务设计的概念

商务设计是指以市场为基础、以商品为载体、以满足消费者的需求为原则所进行的一系列围绕产品开发、营销、售后等服务性、创造性的设计活动。

商务首饰设计是一个复合型专业设计，它涵盖了首饰的设计与开发、生产技术与成本控制、商务贸易与宣传推广、售后服务与产品升级等多方面的专业知识。同时，在整个商务设计活动中，必须考虑地域、民族、人文、习俗和经济等客观存在的社会人类学、文化学的知识。

主要从商业的角度出发，衔接相关专业知识链，为解决首饰设计的定位、首饰制作的技术、首饰商贸的策略和首饰产品的消费观念等问题。

图1-9　商务首饰套件

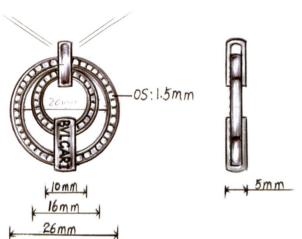

二、商务首饰设计基础

1.对不同地域、文化的消费者需求及习俗的市场把握。

2.对时代潮流和审美趋势的了解和把握。

3.对材料的属性和市场走向的熟悉。

4.对各种首饰生产技术和工艺制作要求的把握。

5.对新型产品和新兴技术的了解。

商务首饰设计一方面受制于目前的首饰市场，同时，也在不断引导着市场的发展，包括其材料、款式、风格、文化及价值等。

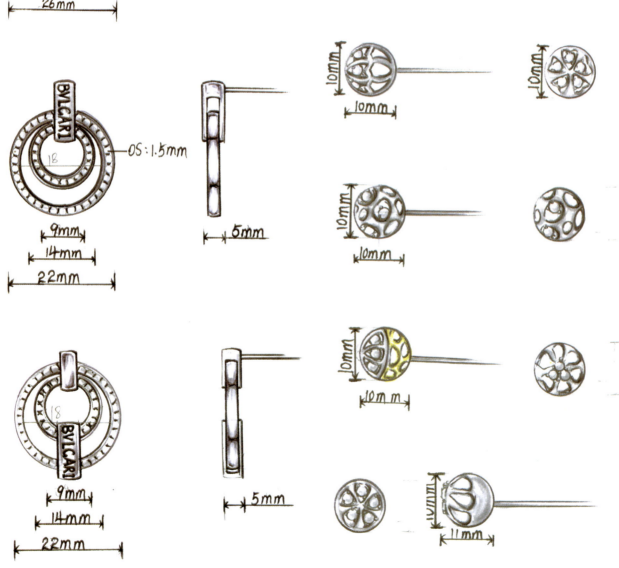

图1-10 吊坠款式的商务设计　　　图1-11 耳钉款式的商务设计

第三节 ///// 商务首饰的分类

首饰分类的标准很多，但最主要的还是按材料、工艺手段、用途 、装饰部位等来划分。

一、按材料分类

1.金属

（1）贵金属。

a.黄金；b.铂金；c.银。

（2）常见金属。

a.铁（多为不锈钢）；b.镍合金；c.常见金属铜及其合金；d.铝镁合金、锡合金。

2.非金属

（1）皮革、绳索、丝绢类。

（2）塑料、橡胶类。

（3）动物骨骼、贝壳类。

（4）木料、植物果实类。

（5）宝玉石及各种彩石类。

（6）玻璃、陶瓷类。

二、按工艺手段分类

1.镶嵌类

（1）高档宝玉石类。

钻石、翡翠、红蓝宝、祖母绿、猫眼、珍珠等。

（2）中档宝玉石类。

海蓝宝石、碧玺、丹泉石、天然锆石、尖晶石等。

（3）低档宝玉石类

石榴石、黄玉、水晶、橄榄石、青金石、绿松石等。

2.不镶嵌类

（1）足金：足黄金、足铂金等。

（2）K金类：玫瑰金、彩色金等。

图1-12 黄金首饰

图1-13 黄金材料

图1-14-1 白18K金钻石女戒

图1-14-2　铂金钻指

图1-15　铂金吊坠

图1-16　铂金耳环

三、按用途分类

1.流行首饰

（1）大众流行：追求首饰的商品性。

（2）个性流行：追求首饰的艺术性、个性化。

2.艺术首饰

（1）收藏：夸张，不宜佩戴，供收藏用。

（2）摆件：供摆设陈列之用。

（3）佩戴：倾向实用化的艺术造型首饰。

四、按装饰部位分类

1.发饰：发卡、钗等。

2.冠饰：冠、帽徽等。

3.耳饰：耳钉、耳环、耳线、耳坠等。

4.脸饰：包括鼻部在内的饰物（多见印度饰物）。

5.颈饰：包括项链、项圈等。

6.胸饰：吊坠、链牌、胸针、领带夹等。

7.手饰：包括戒指、手镯、手链、袖扣等。

8.腰饰：腰带、皮带头等。

9.脚饰：脚链、脚镯等。

图1-17　皇冠

图1-18　塑料项饰

图1-19　珍珠贝

图1-20　仿珍珠塑料饰品

第四节 ///// 商务首饰的功能和文化

一、商务首饰的功能

一个完美的首饰设计应该在充分展现首饰璀璨的同时发挥首饰最大的功能，尤其是商务首饰，只有在市场上的功能定位准确，才能产生商业价值。商务首饰的功能包括装饰功能、使用功能、保值功能和保健功能。在现代社会中人们更加注意的是首饰的装饰功能和使用功能，也就是在满足美的需求的同时带给人精神的愉悦。

1.装饰功能：纵观古今中外所有首饰的造型和搭配，自始至终承载着人类对美和美好事物的向往与追求，呈现出人们内心最本源的情感。无论是光滑、规则、小巧、美观的远古石器首饰，还是现代夸张、豪华、奢侈、富贵的各类时尚珠宝，无不起着装饰自我、展现地位、吸引异性等重要心理因素。因此，首饰作为"美化人体"的功能是首饰最原始、最根本的功能。

2.使用功能：在商务首饰中，其使用功能主要是纪念、馈赠、祈福、祈愿等，属于精神和物质两个层面。一般首饰商品在美观的基础上，都代表着某种寓意，包括爱情永恒、事业有成、平安吉祥、富贵安康等。同时，还有部分商务首饰扮演着地

图1-21　天然红宝石吊坠

图1-22　刻面钻石

图1-23 翡翠观音

图1-24 翡翠佛

位、身份、文化品位的象征，以及其他诸如体温戒指、宝石耳环、音乐项链等多功能用途。

3.保值功能：保值功能一直伴随着贵金属和高档宝玉石首饰的产生和发展，对于天然、稀缺的各类矿物资源，其保值的空间较大。对于古董首饰、艺术作品以及具有特殊纪念意义的首饰商品，在购买或选择过程中需要专业的鉴定和权威的评价。

4.保健功能：首饰的保健功能包含原料本身的药物作用和物理作用。如珍珠、琥珀、珊瑚、水晶、玛瑙、黄铁矿、辰砂等具有药理效应；另外，有部分矿物材料对人体的经络穴位起到按摩、保健的作用。

二、商务首饰的文化

商务首饰的文化主要从首饰的自然属性和首饰的社会属性着手来进行阐述。首饰的文化是需要结合不同地域、民族、宗教及不同历史时期进行高度概括，和人们的生活习性、生产方式以及社会观念息息相关。

首饰文化丰富多彩，不同的民族、不同的宗教信仰具有不同的特色。在现代商务首饰设计过程中，首饰的文化属性往往决定着首饰的价值和首饰的销量。根据现有市场分析，首饰文化大体可以分为：

1.民族首饰文化：少数民族因习俗、文化的不同，所赋予的首饰文化也不同，比如瑶族与苗族一样用造型尖锐的银饰和极具民族特色的图案设计各类首饰来辟邪、祈福和装饰；高山族用海贝、兽牙材料等辟邪；藏族用牛骨、纯银、藏银、三色铜、玛瑙、松石、蜜蜡、珊瑚等材质和各类佛教图案来设计制作首饰用于祈愿、祈福等。

图1-25 苗族头饰

2.宗教首饰文化：在中国，几千年的佛教文化对首饰有着相当深远的影响。清代乾隆年间编有一本《造像度量经》，对佛像各种标准比例进行了规定。书中说：佛像上八种宝饰："一宝冠，即坟佛冠也，二耳环，三项圈，四大璎珞，五手钏及手镯，六脚镯，七珍珠络腋，八宝带也。"这八种宝饰称为"大饰"，还有"小饰"，即指耳垂上的饰物、冠左右下垂的宝带，脚镯上围绕的碎铃等。佛像佩饰既反映了世俗社会的佩饰风尚，同时又反过来对世俗社会的佩饰产生影响。其他国家和民族的首饰也有着很深的宗教文化烙印，比如十字架是基督教的信仰标记，用十字架为元素进行造型的首饰得到了基督教所有信徒的钟爱。

3.奢侈首饰文化：物以稀为贵，稀缺性是物品成为奢侈品的必要条件之一。同时，还需考虑其材料、工艺和其特殊的文化价值。一般来说，奢侈品的价值较高且比较持久，因而可以作为财富贮藏，奢侈品可以显示一个人的身份和社会地位。在珠宝首饰中，一般采用高档的宝玉石和贵金属，尤其是名贵宝玉石进行高级定制。

4.时尚首饰文化：一般与流行文化、流行服装、流行色彩等流行元素结合起来，往往带有阶段性和区域性。其材料一般不限定，可以是贵金属和天然宝石，也可以是仿真材料和人工宝石，甚至用一般的合成材料。其设计主要体现在款式、色彩、工艺上。

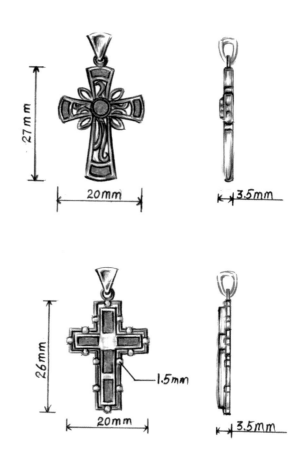

图1-26　十字架吊坠

[作业]
一、问答题
1.珠宝首饰设计与其艺术设计的区别。
2.珠宝首饰商务设计的概念和要求。
3.珠宝首饰在现代社会中的功能。
二、论述题
1.珠宝首饰商务设计与现代设计的关系。
2.佛教对中国首饰文化有哪些影响？

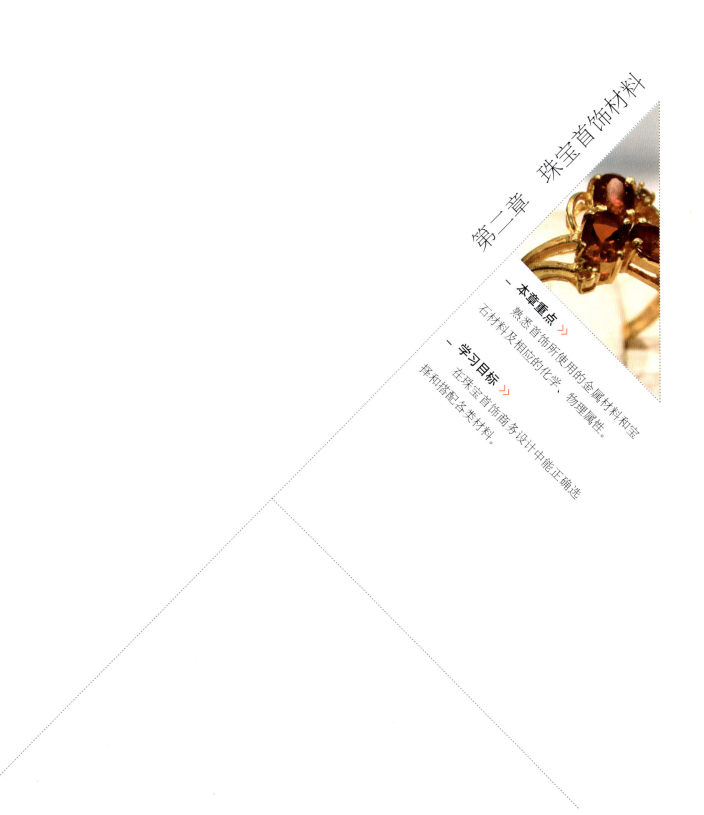

第二章 珠宝首饰材料

本章重点 》

熟悉首饰所使用的金属材料和宝石材料及相应的化学、物理属性。

学习目标 》

在珠宝首饰商务设计中能正确选择和搭配各类材料。

第二章 珠宝首饰材料

材料是人类用于制造物品、器件、构件、机器或其他产品的物质。材料是人类赖以生存和发展的物质基础。首饰材料是以美观为主导，对人及环境进行装饰的物质，其范围已经由传统的贵金属、天然宝石拓展为几乎所有的有形物质。

珠宝首饰材料的选用从原始的石器、兽骨开始，到各个时期的金属及各种合金、宝玉石的盛行，再到新兴的各类合成材料、仿制材料的广泛运用。探究其被采用的最本质根源主要体现在：1.各个历史时期的材料开采、生产及加工工艺技术。2.人类发展过程中文化水平、审美层次及精神层面的不同需求。

不同的材料和特征，往往有着不同的加工技术及用途，即使同一材料也面临不同的成型技术和造物方式。充分了解材料的属性及其加工工艺对设计思维的表现及成品的把握会起到事半功倍的作用。同时，材料自身的材质美和潜在的形制美以及加工过程中的工艺美往往决定着成品的商业价值、文化价值及艺术价值。所以，材料属性、工艺技术、设计理念和文化观念等都是设计师必须深入了解且准确把握的要素。

珠宝首饰材料伴随现代科学技术的快速发展，在各类宝石原料的开采、合成材料技术的创新、合金技术的提高、仿真材料的推广等影响下已非常广泛。根据设计、工艺、市场、文化等需求可以选择生活中常见的所有材料。学好首饰设计必须了解首饰材料及其加工工艺，才能因材施艺，创作优秀的设计作品。

图2-2 玛瑙

图2-3 水晶

图2-1 珍珠

图2-4 铜合金饰品

第一节 ///// 金属材料

包括贵金属和非贵金属。其中金（Au）、银（Ag）、铂（Pt）、钯（Pd）、锇（Os）、铱（Ir）、钌（Ru）、铑（Rh）等及其合金等属于贵金属。其中，锇和钌根据其自身材料属性一般不用于制作首饰；铜（Cu）、铁（Fe）、铝（Al）、锡（Sn）、锌（Zn）及其合金为非贵金属，其中铜合金是现代仿真首饰的主要材料。

一、黄金

黄金是人类最早发现并开采和使用的贵金属之一。有的是从河沙中淘出来的，呈游离状，俗称沙金；有的存在于石英矿脉中，俗称岩金；还有一些属于矿物中的伴生金。大部分黄金产自南非、俄罗斯和加拿大，我国的黄金产地遍布全国各地，几乎每一个省都有黄金储藏。其中，东三省和山东省产出较多，在四川、浙江、新疆、青海、内蒙古、广西、河南、台湾等黄金产量也相当可观。黄金常用于首饰、制币、装饰等。纯金柔软，为了能够佩戴和显出不同的颜色，黄金通常与其他金属做成合金使用。

纯黄金呈浓黄色，用于制作各式非镶嵌首饰。我国较流行纯金首饰。黄色K金较坚硬，普遍用于造型复杂的首饰，相对来说容易加工。市面上常见的黄金有黄色、白色、玫瑰红色等，各类彩色金的研发使得黄金首饰在色彩上有了很大的突破。彩色金的形成方法有多种，合成、电镀、化学等方法都可以。采用了合成方法形成的彩色金，是在合金配比中加入不同的材料，使之显现不同的色彩。据日本著名的首饰杂志《宝石四季》报道，现在黄金的配比有450种之多，最常用的也有20多种。例如，14K中就有6种：红色、红黄色、深黄色、淡黄色、暗黄色、绿黄色；18K也有5种：红色、偏红色、黄色、淡黄色、暗黄色。有的国家还研制了一些罕见的色彩，如黑色。

K金是根据所需的K数而加入黄金中的合金

分量，K指示纯金所含的比例。24K金为纯金，因此，14K金的含金量就是14/24，14K金含金量约为58.33%纯金。通常有千足金、22K、18K、14K、10K、9K、8K等，一般在首饰中不应用低于8K的金合金。

图2-5 黄金原矿

图2-6 金戒指

二、铂金

铂族元素包括铂（Pt）、钯（Pd）、锇（Os）、铱（Ir）、钌（Ru）、铑（Rh），其中铂、钯、铑和极少的铱用于首饰的制作材料。铂金主要产自俄罗斯、哥伦比亚、南非和加拿大。它以天然金块的游离状态存在于地球上，许多情况下，铂金与黄金、白银共生，精炼镍和铜的时候，也能获得铂金。

铂金色泽美丽，延展性强，耐熔、耐摩擦、耐腐蚀，在高温下化学性质稳定，能够适用于铸造、锻打和焊接等制作工艺。铂金熔化温度很高，熔点1773 ℃。这是一个很好的特点，制作者可以用熔点极高的焊料来焊接而又不怕工件熔化。铂金中通常要添加10%的同族金属铱，以加强其硬度，即PT900。

铂金是镶嵌钻石的最佳金属，可以保持钻石的纯白颜色，特别是做订婚戒指，用铂金镶嵌钻石，既洁白又晶莹，象征纯洁的爱情永恒长久。铂金还有坚固、便于加工的特性。铂金是一种非常重的金属，密度达21.5克/厘米^3，它比14K黄金重1.624倍，比钯金重1.825倍。

图2-7　铂金戒指

三、钯金

钯金是铂族元素之一。1803年由英国化学家沃拉斯顿在分离铂金时发现。它与铂金相似，具有绝佳的特性，常态下在空气中不会氧化和失去光泽，是一种异常珍贵的贵金属资源。在地壳中的含量约为一亿分之一，比黄金要稀少很多。世界上只有俄罗斯和南非等少数国家出产，每年总产量不到黄金的5‰，比铂金还稀有。因价格相对铂金较低，常作铂的代用品。

钯金比重12，轻于铂金，延展性强。熔点为1554 ℃，硬度4~4.5，比铂金稍硬。化学性质较稳定，不溶于有机酸、冷硫酸或盐酸，但溶于硝酸和王水，常态下不易氧化和失去光泽。钯金的密度为12.023克/厘米^3。

国际上钯金首饰品的戳记是"Ｐｄ"或"palladium"字样，并以纯度千分数字代表，如Ｐｄ990表示纯度是990‰，钯金饰品的规格标志有Pd999、Pd990、Pd950。

图2-8　铂金戒指

四、银

银在地壳中的含量很少，仅占0.07ppm，在自然界中，有单质的自然银存在，主要是化合物状态。银矿主要有辉银矿，其次是角矿，也有自然银。由银矿与食盐和水共热，再与汞结合为银汞剂，蒸去汞而得银。或由银矿以氰化碱类浸出后加铅或锌使银沉淀而制得。

中国银矿储量按照大区，以中南区为最多，占总保有储量的29.5%，其次是华东区，占26.7%；西南区，占15.6%；华北区，占13.3%；西北区，占10.2%；最少的是东北区，只占4.7%。

纯银是一种美丽的银白色金属，它具有很好的延展性，其导电性和传热性在所有的金属中都是最高的。美中不足的是硫和它的化合物极易使银硫化变黑。纯银太软，制作首饰容易变形，一般把它与铜配成合金，使其变硬，再制成首饰。在首饰制造业中，纯银一般用于制作珐琅或电镀。

标准银又称先令银、纹银。它是一种合金，含量为92.5%银，7.5%铜。这种银用于商业、首饰制造业和打造银器。币银为含量90%的银，10%的铜，这种银常用于制币。

银具有银白色，光泽柔和明亮等特点，是少数民族、佛教和伊斯兰教徒们喜爱的装饰品。在国内，纯银首饰亦逐渐成为现代时尚女性的至爱选择。银是首饰行业惯用的金属材料，但由于太软，因此，常掺杂其他成分（铜、锌、镍等）。标准银的银含量为92.5%。近代，因银首饰易变黑失去光泽，再加上其价值比金和铂明显偏低，因此银常被用于制作廉价首饰。

图2-9　银粒

图2-10　银饰品

五、铜

铜是人类最早发现的古老金属之一，早在三千多年前人类就开始使用铜。自然界中的铜分为自然铜、氧化铜矿和硫化铜矿。元素符号Cu，比重8.92，熔点1083 ℃。纯铜呈浅玫瑰色或淡红色。

铜广泛用于制造各种工艺品，从古至今，经久不衰。各种精美的艺术品，价廉物美的镀金以及仿金、仿银首饰也都需要使用各种成分的铜合金。

黄铜的颜色差别很大，低锌黄铜呈青铜色、金色。高锌黄铜呈黄色。值得一提的是：含5%～10%的铜锌合金称"商用铜材"，颜色美观，是名副其实的"黄铜"。低锌黄铜延展性较好，比起高锌黄铜来说更耐腐蚀，不用加热也很好加工。但是，高锌黄铜比较结实，坚硬耐磨。锻造铜多为60%铜、38%锌、2%铅含量的合金，加热锻打，延展效果极佳，但不能冷却加工。

金色黄铜的熔点1065 ℃，红色黄铜的熔点1025 ℃，黄色黄铜的熔点930 ℃。

图2-11 铜粒

图2-12 铜首饰

图2-13 铜吊坠

六、镍银

镍银有时也称德国银，是铜、锌、镍的合金，并不含银。由于它不易氧化，常被用于制造普通的餐具，或仿制白银制品。其合金的比例为：65%铜、17%锌、18%镍。镍银表面常镀白银，此合金熔点为1110 ℃。因为镍银的熔点高，在首饰中常用于制作精细的镶爪，镶爪一般都很细，温度低的材料焊接时容易熔化。用于制作戒指时，其成分与汗液发生化学反应，易弄脏手指。

七、铝

铝是地壳中含量最丰富的金属。1825年首次应用化学方法分解出铝，1886年出现了商用铝产品。铝是很轻的金属，密度大概是铜的1/3，银的1/4；熔点660 ℃。

铝能够被铸造、锻压、捶打和抽丝。铝材能被铆合、熔接、烧焊。纯铝、少量铁和硅的合金用于手工艺。现代首饰中主要用铝材料加工各类时尚饰品和夸张的服饰。

八、锌

锌的单一锌矿较少，锌矿资源主要是铅锌矿。中国铅锌矿资源比较丰富。锌是一种蓝白色金属，密度为7.14克/立方厘米，熔点为419.5 ℃。锌合金具有适用的机械性能。锌本身的强度和硬度不高，但加入铝、铜等合金元素后，其强度和硬度均大为提高，尤其是锌铜钛合金的出现，其综合机械性能已接近或达到铝合金、黄铜、灰铸铁的水平，其抗蠕变性能也大幅度提高。

锌合金铸造性能好，可以压铸形状复杂、薄壁的精密件，铸件表面光滑。可进行表面处理，如电镀、喷涂、喷漆、抛光、研磨等。熔化与压铸时不吸铁，不腐蚀压型，不粘模。有很好的常温机械性能和耐磨性。熔点低，在385 ℃熔化，容易压铸成型。锌合金价格相对低廉，且具有良好的机械性和铸造性能，在时尚首饰及仿真首饰材料的选用上具有很大的市场前景。

图2-14 锌饰品

图2-15 锌原材料

第二节 ///// 非金属材料

非金属材料包括无机质石质、玻璃、陶瓷、有机质木质、植物果实、丝绸、丝绢、塑料、橡胶、有机玻璃、兽骨、贝壳、果核、皮毛皮革、绳索等。

图2-17 玻璃手镯

图2-16 檀木手链

图2-18 玛瑙手镯

图2-19 编织饰物

图2-20 琥珀材料

第三节 ///// 宝石材料

　　宝石是岩石中最美丽而贵重的一类。它们颜色鲜艳，质地晶莹，光泽灿烂，坚硬耐久，且资源稀缺。可以制作首饰等用途的天然矿物晶体有钻石、水晶、祖母绿、红宝石、蓝宝石和金绿宝石（变石、猫眼）等；也有少数是天然单矿物集合体，如玛瑙、欧珀。还有少数几种有机质材料，如琥珀、珍珠、珊瑚、煤精和象牙，也包括在广义的宝石之内。不同的宝石其种类、颜色、透明度及颗粒大小的不同直接影响设计中的选择。常见宝石的款式有刻面型、凸面型、珠型和随型。在设计选择时要注意符合主题和形式的表达。

图2-21 钻石

图2-22 金绿宝石

图2-23　红宝石

图2-25　碧玺戒指

图2-26　祖母绿原矿

图2-24　蓝宝石耳环

图2-27　玛瑙手链

第四节 ///// 仿真首饰的材料

　　主要是镀金或镀银的低档合金以及树脂、塑料、木质、骨质、玻璃等材质，这些材质并不贵重，但在加工时较具灵活性，有很大的自由度可供创作和设计，可以设计出很独特、复杂的款式，且十分讲究色彩效果，易与时装搭配。这类作为纯装饰意义的时尚首饰不仅可以紧密配合时装潮流的走向、及时反映时尚流行趋势，另外，还因其价格便宜，特别受到学生和刚步入社会的年轻人的青睐。他们将流行首饰视为服装不可分割的一部分，每个人都拥有多件仿真首饰，配合不同的时装，不断更换款式。

　　由于流行首饰是紧跟时装潮流而发展变化的，那么，款式的多样化才是流行首饰最强大的生命力。自然界的任何物质，一块石头、一片绿叶、一根羽毛等都是设计师灵感的源泉。流行首饰的款式之多，更新换代之快，比起时装有过之而无不及。在全球性的张扬个性、凸显自我的DIY风潮的影响下，流行首饰也掀起了自行设计、自行制作的热浪。

　　很多流行首饰店特别开设这种服务，客人可以根据自己的喜好选用不同颜色、不同造型的构件，制作出不同款式、不同风格的饰品。而在功能方面，流行首饰越来越强调功能的多样化。款式新颖、创意独特的多用途首饰陆续出现在市面上，如耳饰既可作耳环佩戴，也可拆开变为耳环加吊坠；项链可以由一股转为二股三股，还可挽在发髻上；白变戒指坏可以幻化出多个款式，令人目不暇接。这些多用途首饰可让人做种种尝试，但又不必多费金钱，既显示出女性的灵巧心思，又能感受到艺术的情趣。

　　因此，一个优秀的首饰设计师，既要有丰富的想象力、创造力，了解市场需求，熟悉首饰的制作工艺流程，又应注重自身文化素质和艺术理论修养的提高。设计不仅需要感性的创造，还要进行理性的分析和归纳，再好的创意要是没有理论的规范与

图2-28　塑料项饰

图2-29　塑料头饰

引导，是得不到保障的。而没有文化含量的设计只能流于形式，是肤浅的和经不起时间考验的。随着人们消费观念的改变，珠宝首饰的材质不再仅仅局限于贵金属和高档宝石等稀有材质，新金属、人造宝石等也是珠宝首饰的常用材料。设计师们利用新开发的材料结合新的技术，通过自己天马行空的创意，用树脂、塑料、羽毛、编织材料为主所设计的时尚首饰正如火如荼地出现在T台上和人们生活中，这些材质的首饰偏重较强的创意性以及个性化。

图2-30　塑料手镯

图2-31　染色红珊瑚项链

[作业]
一、问答题
1.常用珠宝首饰的材料有哪些?
2.在珠宝首饰设计中如何选用材料?
二、论述题
1.珠宝首饰设计中材料的作用。
2.珠宝首饰材料的发展趋势。

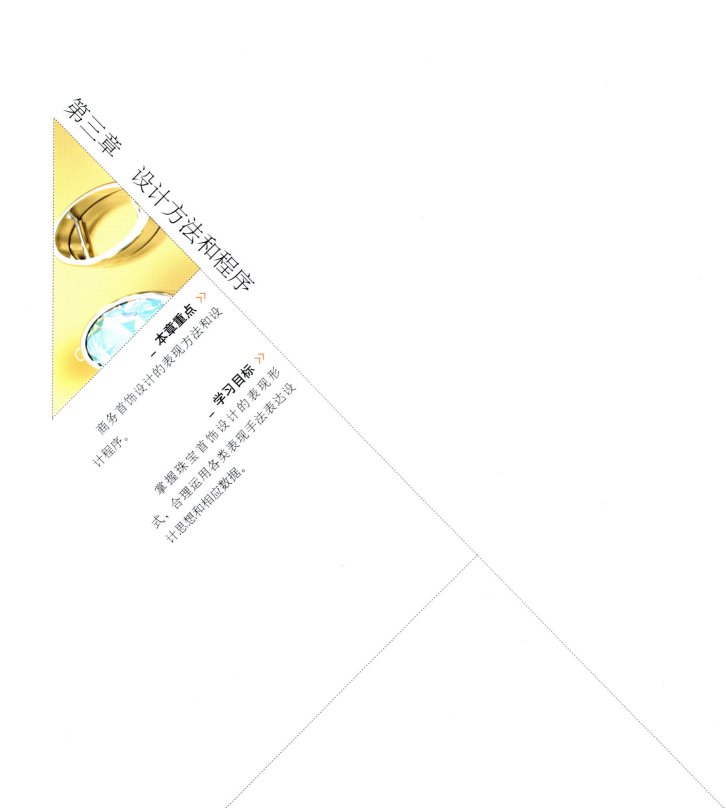

第二章 设计方法和程序

本章重点

商务首饰设计的表现方法和设计程序。

学习目标

掌握珠宝首饰设计的表现形式，合理运用各类表现手法表达设计思想和相应数据。

第三章 设计方法和程序

珠宝首饰设计是现代艺术设计与科学技术发展相结合的既传统又时尚的产物，其设计的表现技法也融合了传统的手绘和现代的电脑艺术设计方式，两者相依相存且各有特色，在珠宝首饰设计过程中属于必须掌握的基本表现技能。

珠宝首饰的表现技法从选择工具的角度来分主要为两种，一是手绘珠宝首饰效果图，二是用电脑制作辅助软件所设计的珠宝首饰效果图。无论哪种技法在现代首饰的生产过程中都是关键的环节，甚至是该款首饰是否有良好销售市场的决定性因素。

第一节 //// 商务首饰的表现方式和工具

珠宝首饰表现技法是通过一定的技法在某种媒介上展示首饰设计师对首饰进行构思的预想方案，其详细的制图过程和完善的图形表述是首饰成品制作的必要数据依据和消费者购买产品的心理保障。尤其针对大型的艺术作品和价值相对昂贵的高档珠宝首饰，详细的效果图表现能完善设计者的方案和降低制作过程的风险。完善的表现一个产品的设计不仅要有效果图，还需要有设计的说明和详细的数据，以确保顺利地完成后续生产过程。

一、珠宝首饰制图基本要求

根据工程制图的国家标准（简称"国标"，代号"GB"），结合珠宝首饰制图的实际情况，在绘制首饰效果图，尤其是首饰产品的生产和加工图纸中，应采用标准制图方法。珠宝首饰产品从生产的角度来说仍然属于工业产品的范畴，其图纸应严格按照工业产品的绘画标准。同时，由于珠宝首饰本身也属于艺术品，要考虑其美观性和艺术性，其图纸也应充分考虑美学原则。结合我国关于工程制图中的国家标准以及行业要求，考虑首饰造型的特殊性，从以下几方面来说明制图的要求。

图纸幅面和图框格式

根据珠宝首饰产品的实际大小，一般在设计中采用A4或A3这两种尺寸。图框格式不限定，可以横幅也可以竖幅。标题栏里面主要说明设计者、设计主题、设计说明及材质等。

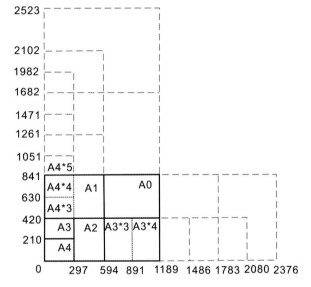

图3-1 图纸幅面

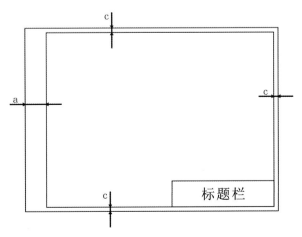

图3-2 横幅图纸格式

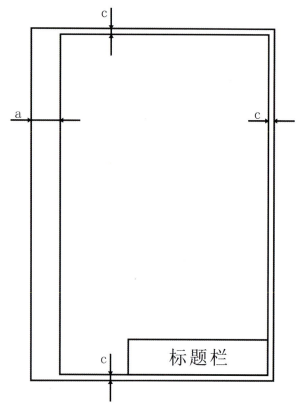

图3-3　竖幅图纸格式

主题		材质	
作者		单位	
设计说明			

图3-4　标题栏

首饰整体上来说属于形制较小的产品，在设计中一般运用较细的线条，目前常规使用0.3mm的自动铅笔。线条需流畅，要确保所绘制的图形结构清楚，形态明了，绘图比例一般采用1:1。

1.首饰的外轮廓尺寸。在标注过程中，应该严格按照国家工程制图的标准进行标注。结合首饰造型的特点，对部分无法标注的无规则曲线至少应标明总体的长度、宽度和厚度。尺寸标注注意的问题：

（1）首饰的真实大小应该以图样上所注的尺寸数值为依据，与图形的大小及绘图的正确度无关。

（2）图样的尺寸一般以毫米为单位。

（3）首饰的每一尺寸一般只标注一次，并应标注在反映该结构最清晰的图形上。

（4）图样中所标注的尺寸为最后完工尺寸，否则应另加说明。

2.首饰的局部结构图。对于首饰的连接结构和首饰的部分局部结构，应根据需要做详细的局部剖面图，以清楚地交代首饰的局部结构和数据。

3.首饰的配件数量。对于首饰产品中的配饰，包括宝石的数量、大小、色彩及材质应清楚地进行表述，可采取引线标注或者在适当的位置用文字的方式进行说明。

图3-5　戒指的三视图及尺寸标注

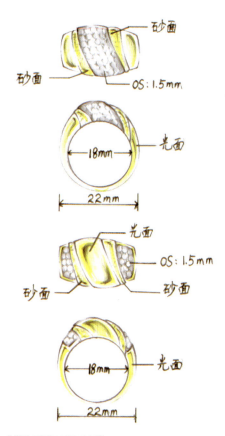

图3-6　戒指的三视图及尺寸标注

4.首饰的重量。这是首饰同其他工业产品在标注中的一个重要区分点，大多数工业产品的重量仅根据材料的材质进行测量，并无具体的、明确的要求。但首饰产品中由于其材料的特殊性，往往在设计的过程中需要按照客户的要求或者根据首饰制作的成本，必须控制在一定的范围。所以，重量的标注显得非常重要，经过调查研究，对于不同材料的首饰进行了概括。根据不同的款式，以常用的铂金、黄金和银首饰为例做出以下简易重量表格供参考：

款式	铂金（克/件）	黄金（克/件）	银（克/件）
单粒镶石女戒	1-2	1-2.5	1.5-2.5
单粒镶石男戒	2-3	2-4	2.5-5
豪华镶石女戒	2-4	2.5-5	5-8
豪华镶石男戒	3-6	4-8	5-12
艺术款	>5	>6	>8

5.首饰的设计说明。首饰的设计说明一般包括下列内容。第一，设计主题，这是产品的名称，一个优秀的设计产品需要响亮并切合内容的主题。第二，设计来源，该设计的创作依据是属于哪一种文化、图案、符号或者具体的某一事物。第三，设计寓意，通过该款设计需要表达什么含义，这是设计的灵魂也是产品最主要的卖点，任何一个产品都是一种事物或者一种文化，要清楚地表达设计者的思想和产品与主题的内在关系。第四，设计材料和制作工艺，需要对其产品的材质做详细说明，必要时需要对制作的工艺进行阐述，以便于制作最后的成品。

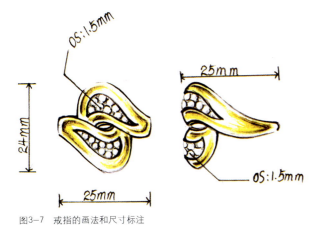

图3-7 戒指的画法和尺寸标注

图3-8 吊坠的画法和尺寸标注

二、绘图工具

绘图工具和材料的选择与使用，对于作品的完成效果和缩短作图时间有着很大的影响。随着各种绘图工具和材料的不断改进，越来越多的新型绘图产品已被广泛采用，为提高效果图的绘制质量创造了良好的条件。

1.纸的种类

A4复印纸：白色，厚度薄，用于画草图、三视图等。

高级素描纸：白色，一般画手绘效果图，可用水粉、水彩、彩铅、马克笔等进行上色。

皮卡纸：可以不同颜色，比较厚重，用于粉彩颜料上色和完稿图。

2.笔的种类

初稿和速描：普通铅笔或0.5mm自动铅笔，一般用B~2B笔芯较软，修改和擦拭容易。

完稿图：一般用H~4H笔芯较硬（或0.3mm及以下号数的自动铅笔），不易修改和擦拭，硬度高适合绘小钻部分。

针管笔：0.2mm及以下的一次性针管笔，用于勾边。

彩绘：小毛笔、勾线笔、水溶性彩铅、马克笔、色粉等。

3.绘图尺种类

直尺和三角板：用于画直线和三视图。

普通圆形和椭圆模板：基本有各种规格的圆形、椭圆形。

首饰专用模板：有各种造型及大小的宝石琢型，有基本的首饰形态，方便准确地绘制首饰造型。

4.其他绘图工具

笔芯研磨器、蜡笔切削器、胶布、橡皮擦、擦子挡尺、调色盘、圆规、美工刀等。

第二节 //// 商务首饰设计的程序

一、首饰产品的开发程序

首饰产品的开发流程和项目管理流程对于首饰设计师来说非常重要，团结、合理、高效的过程是团队协作的基础。尤其是首饰生产企业，特别要重视首饰产品开发的流程和管理，需要准确分析产品的市场、做好产品的定位，包括其产品的风格、价格、材料、色彩、创意等。

一个好的团队才能开发出好的产品，对于首饰设计来说，每一个新产品的开发都应充分征求客户经理、设计师、设计主管、生产主管、营销经理等人员的意见或建议，采用团队战术，才能打开市场，取得成功。

1.概念：无论是开发新的首饰产品，还是接到客户的订单，都需要根据市场先确定设计的概念，包括市场的调研、材料的选择、价位的控制、生产的工艺等。

2.策划：对拟定概念进行详细的分析后确定产品的设计定位，策划产品的开发团队，开发周期，评估市场前景等，并需进行论证。

3.设计：根据前期掌握的材料和制订的策划方案，先后进行草图设计、效果图设计和制作施工图。目前首饰企业在生产过程中普遍不注重首饰的施工图，往往仅仅根据效果图就安排生产，既不严谨也影响最终效果。对于创意产品还必须撰写设计说明或产品寓意。

4.完善：在设计方案通过评审以后，还需进一步完善，包括色彩的搭配、首饰结构和配件的选择、制作工艺和技术的采用等。

5.生产：需根据设计图纸，按照要求按质按量完成首饰产品的生产。

6.推广：在完成生产后，要想产品取得好的市场效益，还需各种方式的宣传推广及相应的包装广告设计，具备完善的营销策略。

二、首饰设计的具体表现方式

在整个首饰设计过程中，从提出概念→整理资料→构思方案→设计定位→细化产品→评价效果→完善作品，这样一个多次往返、循序渐进的进程，每一个阶段都需解决不同的问题。且每一个过程都

图3-9 戒指的草图绘制

需要通过图纸或文字的形式表述出来。由于思考的重点不同，表达的目的和内容不同而有不同的表现形式和要求，还因使用的工具和材料的不同，表现方式也会各异。

在设计构思阶段，往往以绘制草图来展现设计师的想法。经过反复推敲，仔细审核并确定设计方案后，需要绘制三视图、效果图等。其效果图可以用手绘或电脑软件辅助设计两种形式来表现。

图3-11 戒指手绘效果图

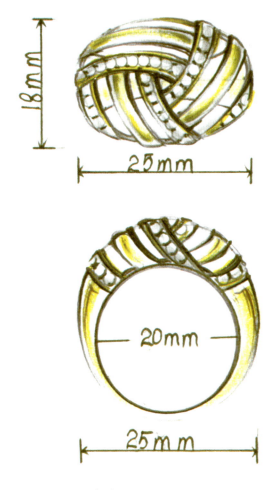

图3-10 戒指上视图和正视图

图3-12 首饰电脑效果图

第三节 ///// 商务首饰设计的基础

一、宝石的画法

由于珠宝设计图是依1:1大小进行绘制，所以不可能在首饰设计的时候完全表达宝石的刻面和线条，对于小颗粒宝石来说，刻面线也无法完全展现，更无法表现出宝石的美。因此，在首饰设计的时候对于宝石的表现往往采用简画法。

宝石的阴影可依不同宝石本身的质感去表现，透明的宝石可强调其对比，画出通透性，使宝石看起来更逼真。宝石的切割方法常见的有圆形、椭圆形、橄榄形、马眼形、长方形、祖母绿形等。不透明的宝石大多是蛋面切割或随形。

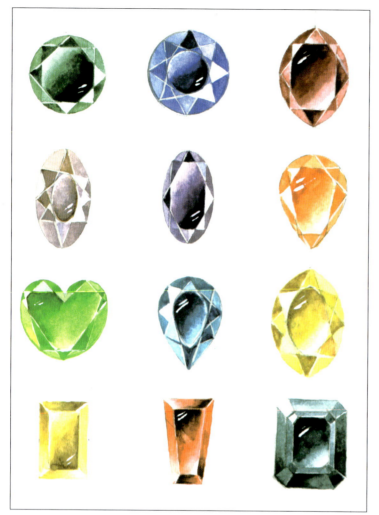

图3-13-1　宝石手绘上色效果

圆形刻面宝石的画法一（15mm×15mm）

1.画出十字定线。2.画出45°角分线。3.用圆形规板以宝石的直径画一个圆，这个圆就是圆形切割外形线。4.连接十字定线与圆形外形线之间的交叉点，形成一个正方形。同样连接对角线与圆形外形线之间的交叉点，形成另一个正方形。5.擦掉辅助线，画出整个桌面阴影。

圆形切割的画法二（10mm×10mm）

1.在十字定线上画出45°线，以圆形规板画出圆形。2.在圆形当中再画一个小圆，连接十字定线及45°角分线与小圆之间的交叉点。3.连接所有的交叉点后形成切割面。4.擦掉圆形内侧所有的辅助线。5.画上阴影。

马眼形切割的画法一（18mm×10mm）

1.画出十字定线，决定宝石的长度及宽度，以十字定线之交叉点为中心点，在宝石宽度及长度的一半处画上记号。2.将圆形规板的水平记号与水平定线相应合，画出能通过该记号的圆弧。3.连接十字定线与圆之间的交叉点。4.从顶点至长度的一半部分分成三等份，在1/3处画出宝石的切割面。5.擦掉辅助线，并添加阴影。

马眼形切割的画法二（12mm×6mm）

1.以圆形规板配合水平定线，画出能通过宝石长度与宽度记号的圆。2.画出马眼形的外切长方形，并画出对角线。3.以圆形规板在宝石内侧画出另一个较小的类似圆形。4.以十字定线及对角线为起点画出宝石的切割面。5.擦掉辅助线，添加阴影。

图3-13-2　宝石手绘上色效果

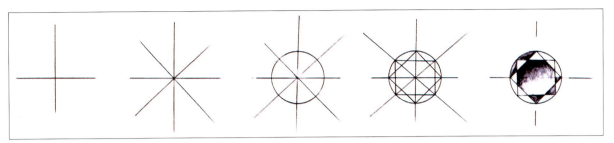

图3-14 圆形刻面宝石的画法一

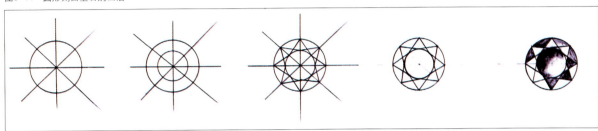

图3-15 圆形切割的画法二

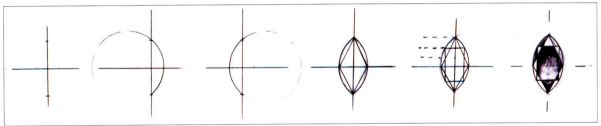

图3-16 马眼形切割的画法一

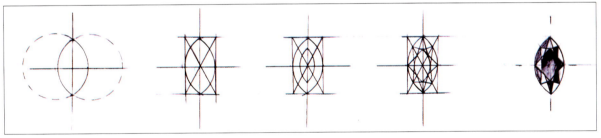

图3-17 马眼形切割的画法二

椭圆形切割的画法一（18 mm×12 mm）

1.画出十字定线，在宝石宽度和长度的1/2处标上记号。2.以椭圆规板画出能通过记号的椭圆。3.连接十字定线与椭圆之间的交叉点。4.从顶点至底部一半部分成三等份，在1/3处标上记号，画出宝石的切割面。5.擦掉辅助线，添加阴影。

椭圆形切割的画法二（12 mm×9 mm）

1.画出十字定线及椭圆，在其外围画一外切长方形。2.在长方形内画出对角线。3.在椭圆内侧画出另一个较小的椭圆。4.以十字定线及对角线为起

点，如图画出宝石的切割面。5.擦掉辅助线，添加阴影。

梨形切割的画法一（18 mm×12 mm）

1.画出十字定线，以宝石的宽度为直径画出半圆，以宝石之长度在纵轴上标上记号。2.将圆形规板的水平记号与水平定线相应合，画出能通过该记号的圆（左右两边各画一个）。3.连接十字定线与梨形之间的交叉点。4.从顶点至水平定线中心之间分成三等份，在1/3处标上记号并画出平行线；底部也以相同间隔画出平行线。5.连

接这些线与梨形之间的交叉点。6.擦掉辅助线，添加阴影。

平记号与水平定线相应合，画出能通过记号的圆。3.画出与梨形相连接的长方形，并画出对角线，在内侧画一个较小的梨形。4.以十字定线和对角线为起点，画出宝石的切割面。5.擦掉辅助线，添加阴影。

梨形切割的画法二（14 mm×10 mm）

1.画出十字定线，在中心处画一个半圆，以宝石的长度在纵轴上标上记号。2.将圆形规板的水

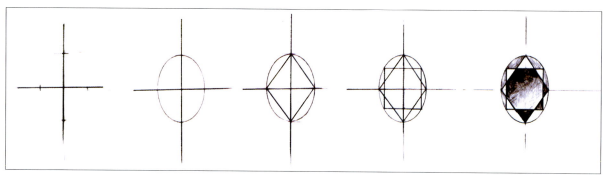

图3-18 椭圆形切割的画法一

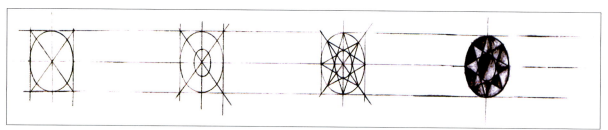

图3-19 椭圆形切割的画法二

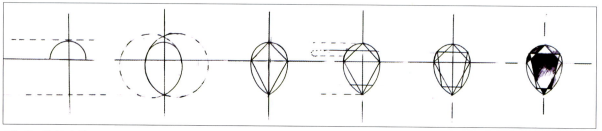

图3-20 梨形切割的画法一

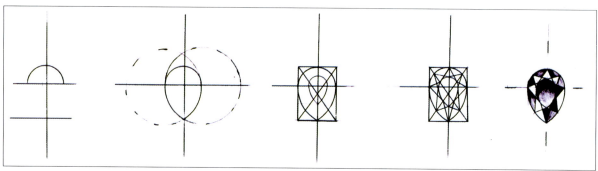

图3-21 梨形切割的画法二

心形切割的画法（16 mm×15 mm）

1.画出十字定线，画出心形。2.在心形外围画一个长方形，左右画出对角线并连接两对角线之交叉点，形成水平线。3.在心形内侧画一个较小的心形。4.以十字定线和对角线为起点，如图画出宝石的切割面。5.擦掉辅助线，添加阴影。

方形切割的画法（18 mm×12 mm）

1.画出十字定线。2.在十字定线上标出宝石长度和宽度的记号，并画出长方形。3.将宝石宽度的一半分成三等份，画出宝石桌面之线条。4.画出宝石之桌面，连接桌面与外围方形的四个角。5.擦掉辅助线，添加阴影。

梯形切割的画法（18 mm×12 mm）

1.画出十字定线，根据宝石的长度和宽度标上记号。2.连接这些记号，形成梯形。3.将上半部分成三等份，1/3处的宽度就是梯形与桌面之间的尺寸。4.以同样的间隔尺寸画出宝石之桌面，并连接桌面与外围梯形的四个角。5.擦掉辅助线，添加阴影。

祖母绿形切割的画法一（18 mm×12 mm）

1.画出十字定线，决定宝石的长度和宽度后，画出长方形。2.将宽度的一半分成三等份，在1/3处画出宝石的桌面。3.以宽度一半的尺寸将宝石分成三等份并标上记号，连接这些点后，形成宝石的尖底面。4.连接记号点与桌面之延长线和外围长方形之交叉点。5.使用三角板画平行线及宝石切割面，去掉四个角，此时注意宝石是否有歪斜现象，所切除的四个角必须是完全一样的角度。6.擦掉辅助线，添加阴影。

祖母绿形切割的画法二（12 mm×10 mm）

1.在十字定线上画出宝石长度与宽度的记号，连接起来形成长方形。2.在纵轴上把宝石的长度分成三等份，并与四个角连起来，在四个角上画出与斜线互相垂直的线。3.连接三等份与垂直线和长方形之交叉点，形成三角形。4.在内侧以双线画出较小的祖母绿形（八角形）。5.擦掉桌面内侧的辅助线，添加阴影。

蛋面切割的画法

对于蛋面或珍珠等没有切割面的宝石，可沿着其外形的曲线顺畅地添加阴影，晕色时加强左上和右下。如想表现厚的宝石，可将阴影描在靠中心处，想表现较薄的宝石可将阴影绘在靠边线处。

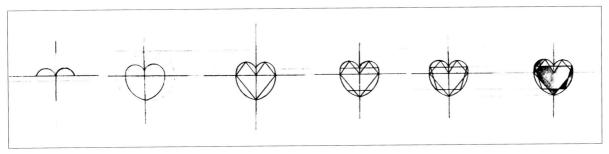

图3-22 心形切割的画法

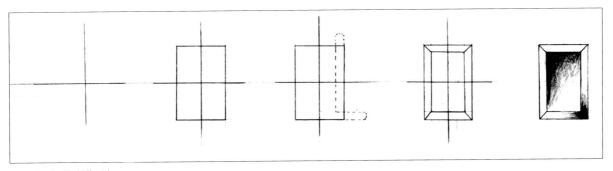

图3-23 方形切割的画法

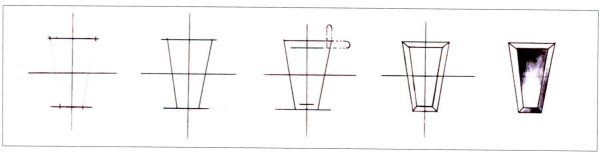

图3-24　梯形切割的画法

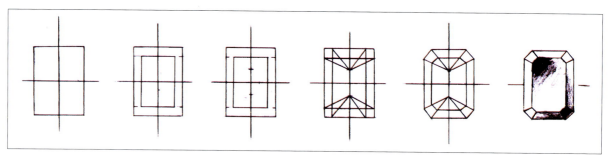

图3-25　祖母绿形切割的画法一

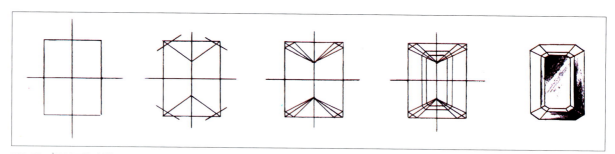

图3-26　祖母绿形切割的画法二

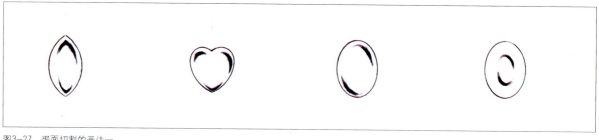

图3-27　蛋面切割的画法一

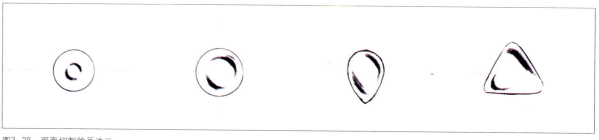

图3-28　蛋面切割的画法二

二、金属的画法

珠宝饰品一般所使用的贵金属（白金、黄金、K白金、银）、普通金属、木料等各种不同材质，金属的高光和反光都很强烈。因此，想画出金属质感，明暗分界要处理好，亮的部分与暗的部分要拉开对比。另外，要表现出金属的厚度，尽可能地画出与实际相近的厚度。金属有时无法只用模板等工具来描画，必须要徒手画。手绘时，画纸可朝着自己最适宜画的线条方向慢慢移动，且一段一段地描画，则能描出漂亮的线条。一般先在铅笔稿的基础上上色，然后再用一次性针管笔进行勾边。在勾勒线条时，注意不要过于生硬，要根据形态生动而流畅地走线。

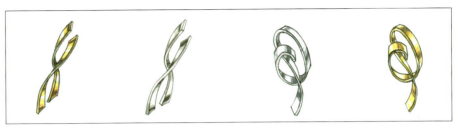

图3-29 平面金属

图3-30 凹面金属

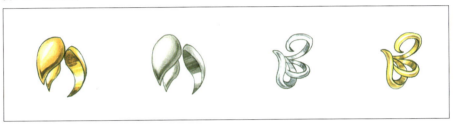

图3-31 凸面金属

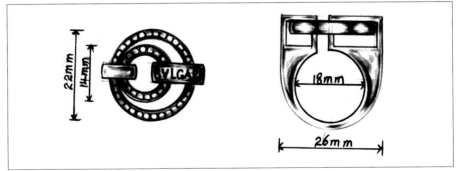

图3-32 戒指金属画法

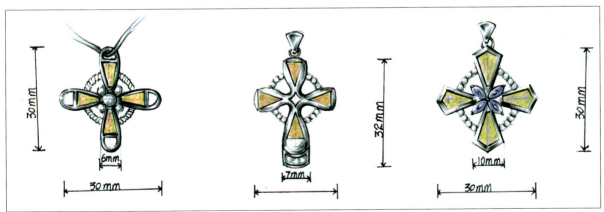

图3-33 吊坠金属画法

三、宝石的镶嵌方法

镶嵌：以物嵌入，作为装饰，比喻深深地进入某种境界或思想活动中，把一物体嵌入另一物体内。镶：把东西嵌进去或在外围加边，镶上；嵌：把东西卡在空隙里，嵌入。

镶嵌连接结构是首饰结构设计中最为常见的一种方式，也是发展最完善、应用效果最好、工艺变化多样的结构设计，如运用于方形宝石的无边镶和蜡镶工艺等，但其基本工艺不变。由于该结构的爪镶是最为快速和实用的镶法，能够最大程度地突出宝石的光学效果，对宝石的遮盖最少，款式的变化和适用性也最为广泛。

1. 爪镶：用较长的金属爪，利用金属的变形压力紧紧扣住宝石的方法。爪比石头顶部高0.6mm以上。

爪镶的注意事项：

（1）爪镶的镶口框外形一般做成石头大小，实际情况根据客户要求而定。

（2）根据原样石头大小来处理石头之间的距离及钉的大小。色石一般比元件厚，因此，在摆色石时爪位可留高0.05~0.1mm。色石的厚度一般不是特别标准，所以我们在绘图的过程中需要根据石头实际高度来确定镶口的高度。

（3）一般2mm以下的钻石爪镶，石与石之间距离为0.15~0.20mm。

（4）爪的大小除了跟石头大小有关系之外，也跟管石的多少有关。在石头大小一样的提前下，一管二或一管四的爪镶比一管一的爪大0.1~0.2mm。

图3-34 单个镶口

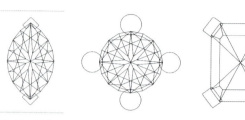

图3-35 爪镶

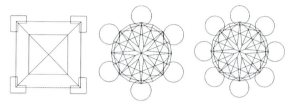

图3-36 多爪镶

图3-37 一爪双石

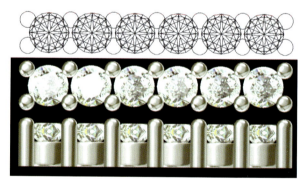

图3-38 排筒种爪

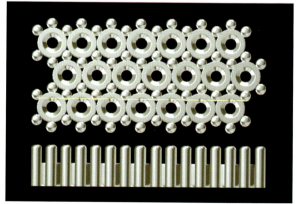

图3-39 错位种爪

2.钉镶：有边钉镶细带宽度为石头尺寸加上每边0.6 mm的边。例：日子钉（一管二），石头为1.3 mm则细带为2.5 mm。无边钉镶细带的宽度比石头的尺寸大0.2～0.4 mm。以客户要求为准。（如石头为1.3 mm则细带为1.7 mm）。

品字形的排法石头间的空隙达到最小，钉种在石头的空隙位，整齐排列整体无间，是见石不见金的最佳方式，它的缺点是结尾处会有一点光金位置需要处理。

无边钉也是钉镶的一种，同样有日子钉、四钉镶和梅花钉。

方钉线条整齐，在偏方形的首饰或手表上效果更佳。

面种爪细带的宽度跟无边钉镶一样，也是比石头的尺寸大0.2～0.4 mm，以客户要求为准。

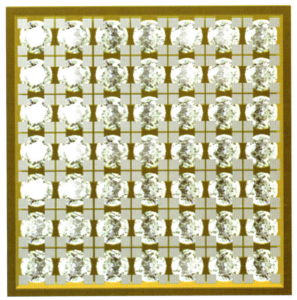

图3-44　方钉

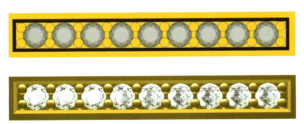

图3-40　日字钉

图3-41　梅花钉

图3-42　四钉镶

图3-43　无边钉镶

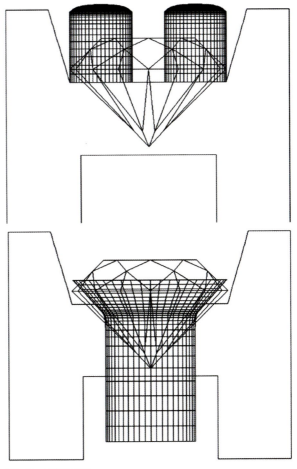

图3-45　钉镶切面图

3.包镶：是指金属边将宝石四周包围的方法。包镶边内侧要稍内斜，以能更好地顶住石头。3mm以上的石头做包镶，里面的石孔要放缩水。如6mm的石头，包镶里面的石孔做到6.2mm。注意镶口的高度不能漏底。摆石头时要注意石头的最宽处比包边低0.4mm。

图3-46 包镶效果图一

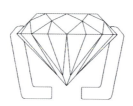

图3-47 包镶效果图二

4.抹镶：是指宝石四周被光金包围的方法。

石与石之间的距离和石与边的距离不要小于0.6mm，抹镶和包镶有很多相似之处，它们的区别在于抹镶没有突出的金属边。

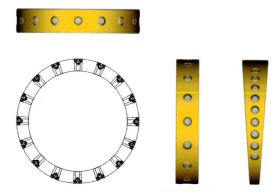
图3-48 抹镶

5.底镶：正面看起来跟包镶类似，但石头是从底下放上来的，爪在石头的下面。正面的石孔要比石头小0.5mm，而底下放石头的位置宽度则要比石头略大。注意边的厚度不要小于0.6mm。

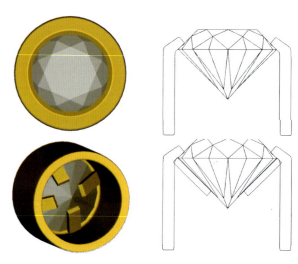
图3-49 底镶

6.逼镶：石头的部分边缘被金属夹住的方法。逼镶边通常为0.8~1mm，最小不能小于0.7mm。逼镶底下的担是用来支撑逼石两旁的边，通常比光金低1.0mm，格子担就可以浅些，约0.7mm深（具体按实际情况而定）。

逼镶要注意每行石头之间需留0.2mm的距离以免撞石。而旁边因为要执模，所以逼镶边长要比石头宽多0.3mm（是指在2mm以下的石头，石头越大之间的距离就越大）。

田字逼：石头间没有距离，中间加十字底担。里面的宽度比石头开小0.2mm（2.5mm以上的石头则根据石头的缩水而定），光金边的宽度为0.7~1.0mm，根据石头大小而定。中间十字担比光金边低0.8mm，十字担的宽度不要小于0.7mm，石头大十字担就相应粗一点。

图3-50 逼镶

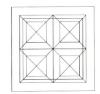

图3-51 田字镶图

图3-52 半逼半爪

7.无边镶：是镶公主方的一种镶法，用金属槽或轨道固定宝石的底部，并借助宝石之间及宝石与金属之间的压力而固定宝石的方法。推石方向取石头颗数多的方向。

有边无边镶：外框光金边为0.8mm，推石方向长度是每颗石头比石大0.1mm排列为准，另一方长度由于两边需要夹石头，所以每颗石头大0.1mm排志后，总长度再缩小0.2mm。第一层A担是用来卡石头的，每颗石头之间需要有一条担，其深度比外框低0.6mm，第二层B担是用来固定第一层A担，条数没有限制，起到固定效果即可，其深度比第一层担低1.0mm。

无金无边镶：外形宽度是每颗石头比石大0.1mm排后再大0.6mm，第一层担和外框高度一样。第二层担跟有边无边镶的一样都是比第一担低1.0mm。

图3-53 有边无边镶图

图3-54 无金无边镶

8.虎爪：又称虎口镶。细带的宽度比石头尺寸大0.4mm，若是见石不见金则做到比石头大0.2mm。由于要执版，虎爪B方向要比A方向厚0.1mm，成品最后是方形爪。

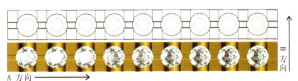

图3-55 虎爪上视图

图3-56 虎爪正视图

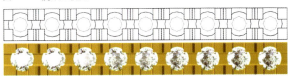

图3-57 长城爪上视图

图3-58 长城爪正视图

9.蜡镶：是指在蜡上镶宝石。手镶是在成品上镶宝石。蜡镶和手镶的区别就在于钉吃入石头的尺寸。如蜡镶钉吃入石头0.08mm，手镶钉吃入石头0.06mm。

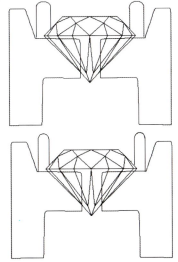

图3-59 蜡镶和手镶

第四节 //// 商务首饰设计的表现形式

一、草图的表现

草图是所有设计师在设计思考过程中，快速表现和记录构思的最直接、最有效的方式。对于所设计对象的形态、结构、特征、创意等能进行简洁、快速的表现，既能方便设计师捕捉灵感，也能为设计作品的完善起到良好的记录作用。在首饰设计过程中，草图的绘制能充分表现一个首饰设计师的基本能力和素质，也能为首饰的最终成型做好必要的积累。

草图是以目测估计图形与实物的比例，按一定画法要求徒手（或部分使用绘图仪器）绘制的图。是首饰设计师表达意图、思考问题、收集资料的辅助工具。在设计过程中，草图起着重要的作用，它不仅可在很短的时间里将设计师思想中闪现的每一个灵感快速、准确地用可视的形象表现出来，而且通过设计草图可以对现有的构思进行分析而产生新的创意，直到取得满意的概念乃至设计的完成。草图画得好不好最主要的是看线条的曲直度。大多数人之所以画不好其实也就是线条不流畅，重复笔画太多，线条不直，或存在不圆滑的弯曲度。

1.草图的绘制要求

对于珠宝首饰来说，在绘制草图阶段，最基本的要求是：线条流畅，能快速、清楚、明确地表现首饰的造型、结构、特征、创意等。

2.草图的绘制总类

初稿：在收集和整理资料的过程中，记录和表现构思的过程，一般绘制时较为随意，能基本展现首饰的形态和创意即可。

矫稿：在首饰设计初稿基础上进行推敲，往往以某一元素为设计对象，展开各种方案，在造型、结构、特征上都能较细地表现出设计师的思想。

细稿：是指对于首饰初步方案的细化稿，比如尺寸、重量、宝石的数量以及需要补充说明的细节。对于结构复杂的地方需要画出剖面图或局部放大图。

3.草图的绘制方法

草图绘制方法较为简单，不限定工具的种类，钢笔、铅笔、水性笔、彩色铅笔等所有笔类均可，对纸张的唯一要求是能方便保存即可。

（1）线描：用单色线对物体进行勾画，展现首饰的基本形态特征，包括其尺寸、轮廓、结构、透视、比例等。可通过控制线条的曲直、轻重、疏密、粗细来完成所思考的设计雏形。

（2）线面：在线描表现的基础上，增加体和面的效果，能较丰富地表现首饰的体感，对于物体的曲面、转折及结构能进行有效展示，能基本表现出首饰的明暗关系。

（3）淡彩：在线和面的基础上，通过水粉、水彩、马克笔或彩铅等工具进行简单的上色。能简要表现首饰的基本材质和色彩，能初步完善首饰的配色方案，只需表现出首饰的颜色倾向和整体色彩关系即可，不必绘制细节，往往在同一造型基础上绘制多款，形成不同的色彩方案，用于后期的方案筛选。

图3-60 吊坠草图

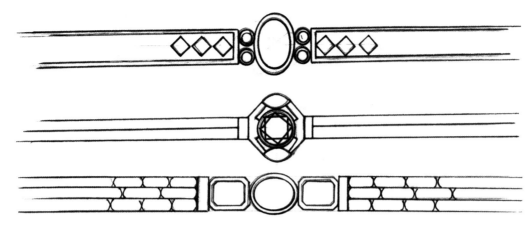

图3-61　手链草图

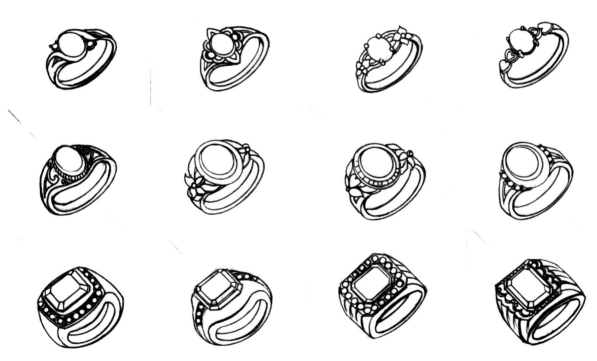

图3-62　戒指草图

绘制草图是在设计师思索方案过程中，记录和表现其构思的有效方法，能开拓其设计思路，也能助其完成最终方案。草图绘制能力主要靠练习来提高，无论是临摹，还是写生，或者自己随意绘制，总的来说，数量的积累必不可少。

二、三视图

在理解三视图时，必须先了解两个概念，一是正投影法，二是视图。

正投影法是平行投影法的一种，是指投影线与投影面垂直，对形体进行投影的方法。根据工程制图中的规定，视图是指用正投影法将机件向投影面投影所得到的图形。一个物体从上下、左右、前后来概括有六个面，通过正投影法也就可以得到六个视图：上视图（顶视图）、下视图（俯视图）、左视图（侧视图）、右视图（侧视图）、前视图（主视图）、后视图。

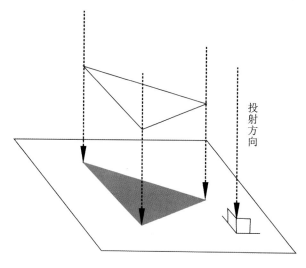

图3-63 正投影一

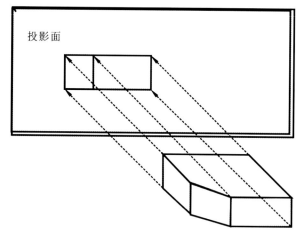

投影面

图3-64 正投影一

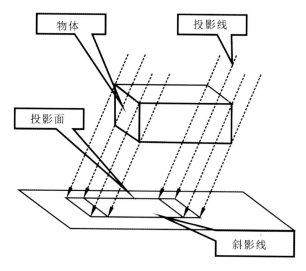

物体
投影线
投影面
斜影线

图3-65 斜投影

能够正确反映物体长、宽、高尺寸的正投影工程图（主视图、俯视图、左视图三个基本视图）为三视图，这是工程界一种对物体几何形状约定俗成的抽象表达方式。主要通过投影来表现产品形态的起伏关系、高低变化等。一个视图只能反映物体一个方位的形状，不能完整反映物体的结构形状。三视图是从三个不同方向对同一个物体进行投射的结果。另外，还有剖面图、半剖面图等作为辅助，基本能完整地表达物体的结构。

在首饰设计中，因产品的造型一般具有水平或垂直方向的对称性，所以用三视图既可以充分展现首饰的结构尺寸，一般选用正视图、俯视图、侧视图。

首饰的三视图是观测者从三个不同正投影方向观察首饰产品而画出的图形。能够正确反映物体长、宽、高的尺寸。一般情况下，戒指需要绘制三视图，吊坠、耳环、胸针等需绘制主视图和侧视图，而手链、项链等只需绘制主视图即可。

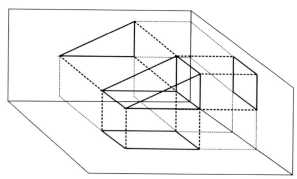

图3-66 正投影在三个视图面的投影效果

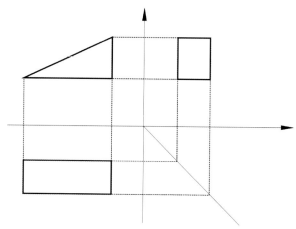

图3-67 三角体的三视图

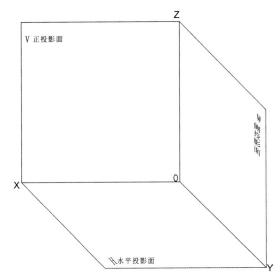

图3-68 三视图关系

戒指三视图画法

戒指上视图

图3-69-1 戒指上视图一

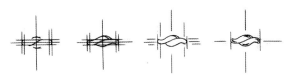

图3-69-2 戒指上视图二

1.画出十字线，在纵轴左右两边间隔8.5mm处画出两条与纵轴平行的平行线。

2.在平行线两侧各间隔1.5mm处画出平行线作为金属的厚度；再画出与横轴间隔2mm的上下平行线，作为戒指的厚度。

3.如图所示，将四个角以手描方式修整成圆角。

4.在中心部位画出装饰部分的宽度并决定斜度。

5.确定波浪形的长度后，将两端修饰成圆角。

6.沿着波浪的弧度描出圆部曲线。

7.擦出辅助线，将戒指重新描过。

8.加上阴影即完成图形。

戒指正视图

1.根据上视图画出戒指内径17mm的圆形及直径20mm的半圆。

2.先从装饰戒面的波形线条部分画下垂线。

3.从最高处以手描方式将线条连接起来。

4.连接两端各部分的造型线条，画出戒指的外形，擦除辅助线描出影，完成正面图。

戒指侧视图

1.根据正视图标出厚度及高度，再依从上视图标出宽度，最后连接这些线。

2.连接从顶部到底部各交叉点的曲线，并以手描画出细部的线条，擦掉辅助线，添加阴影。

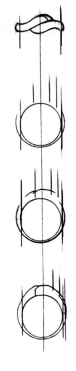

图3-70 戒指正视图

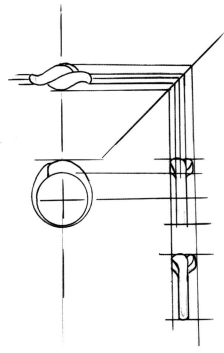

图3-71 戒指正视图

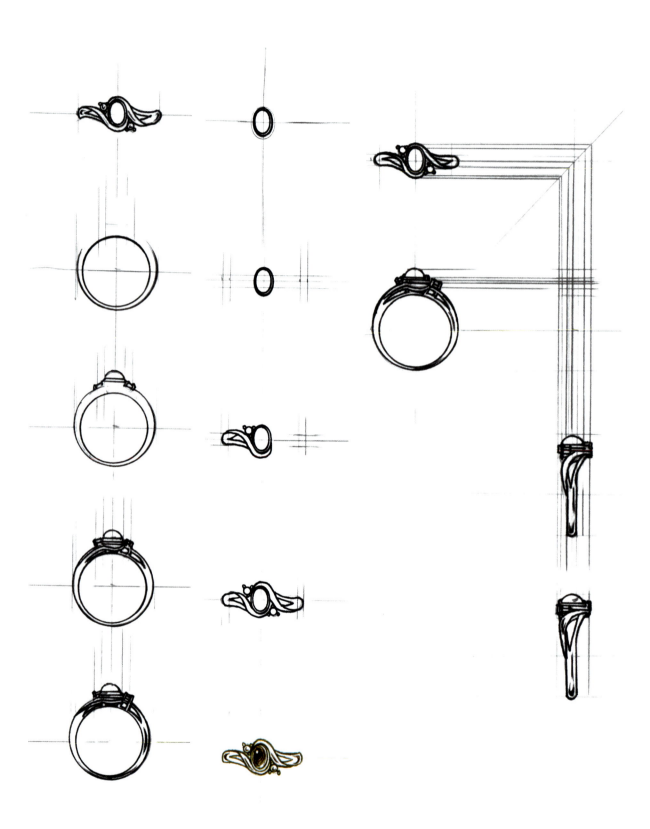

图3-72 女戒正视图   图3-73 女戒上视图   图3-74 女戒侧视图

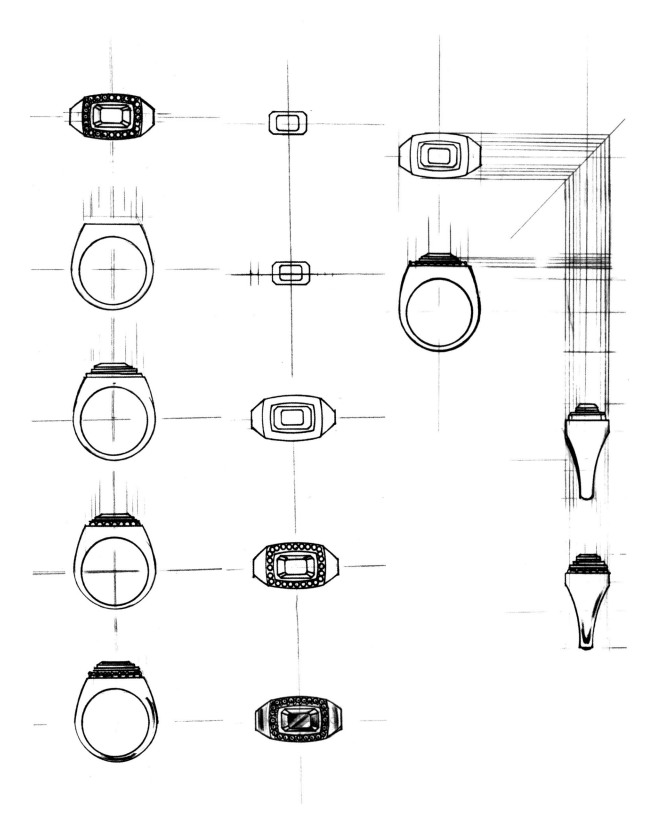

图3-75　男戒正视图　　　　　图3-76　男戒上视图　　　　　图3-77　男戒侧视图

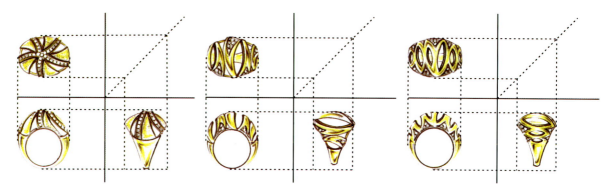

图3-78 戒指三视图

三、透视图

透视法分为焦点透视和散点透视。焦点透视包括一点透视、两点透视、三点透视。散点透视则是中国的绘画透视方式，散点透视也叫多点透视，有多个视点，是中国画的主要表现方式。

一点透视（也叫平行透视）：指有一面与画面成平行的正方形或长方形物体的透视，且只有一个消失点。这种透视有整齐、平展、稳定、庄严的感觉。

两点透视（也叫成角透视）：是指由于物体与画面夹一般角而使其两条主棱线与画面呈一般角度，从而在透视图出现两个灭点的透视情况。两点透视的特点是物体放置比较灵活多样因而透视图相对活泼，视点位置相对一点透视来说其自由度要高许多，因而可以最大限度地避免透视效果的失真。

三点透视（也叫倾斜透视）：指立方体相对于画面，其面及棱线都不平行时，面的边线可以延伸为三个消失点，用俯视或仰视等去看立方体就会形成三点透视。

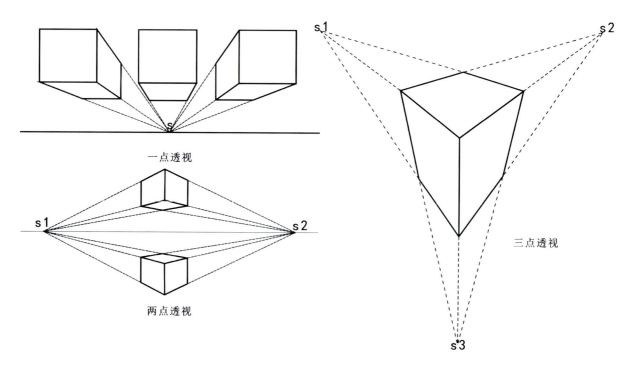

图3-79 一点透视、两点透视、三点透视

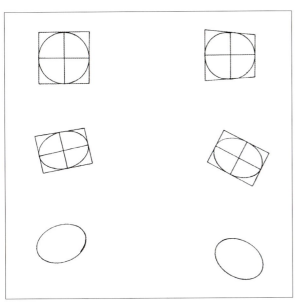

图3-80 圆的透视关系

1.从正面所看到的正圆。

2.从斜面所看到的圆。

3.从斜上方所看到的圆。

4.从左右两方延展的基本椭圆。

图3-81 平面圆戒指透视画法

1.画出基本椭圆。

2.在椭圆的后面再画出一个稍小并与之平行的椭圆连接两端。

3.分别在两椭圆的外侧画出较大的椭圆,标出金属的厚度。

4.擦掉辅助线,描影。

图3-82 凸面圆戒指透视画法

1.平面戒指的画法一样,画出金属的厚度。

2.擦掉辅助线。

3.描影。

图3-83 凸面花式戒指透视画法

1.画出指围宽度的圆弧形戒指。

2.在顶部添加装饰的波浪曲线。

3.擦掉辅助线,描影。

图3-84 女戒透视图   图3-85 男戒透视图

因珠宝首饰的实际尺寸往往较小，其透视感并不强，同时，在首饰的透视画法中为了尽可能多地展示首饰的主视图，常采用成角透视（两点透视），并低于视点进行表现。同时，要根据不同的款式适当调整角度，其透视效果与造型、色彩、角度等有关。在绘制过程中最基本的表现原则是尽可能充分展示首饰的主面。无论戒指、吊坠还是耳环等其他款式，均以主面为其表现的正面。

四、手绘效果图

效果图是通过图片等传媒来表达作品所需以及预期达到的效果，效果图的主要功能是将平面的图纸立体化、仿真化，通过高仿真的制作，来检查设计方案的细微瑕疵或进行项目方案修改的推敲。手绘效果图是将设计内容用手绘的方式，以较为接近真实的三维效果展现出来。

手绘效果图的优点是生动直接，艺术感染力强，缺点是一旦画成不易修改。另外，在珠宝首饰设计中有较大比例的款式属于无规则的复杂曲面，手绘比电脑更易于表达，节省时间，提高效率。

在首饰设计的构思和草绘阶段，一般均采用手绘进行。当设计方案成熟后，需要表现最终设计方案时才考虑用手绘还是电脑来表达设计意图。同时，还需结合首饰的款式，考虑首饰的制作工艺和制作成本。对于需要手工起版的首饰产品一般不需要做电脑效果图。

手绘效果图是所有首饰设计专业人员必须掌握的基本表现技法，也是在设计过程中最为灵活的技法。在珠宝首饰设计中有较大比例的款式属于无规则的复杂曲面，手绘比电脑更易于表达，节省时间，提高效率。效果图绘制应表现得较为清晰、严谨，可选择水彩色的画法（钢笔淡彩画法）、彩色铅笔画法、马克笔画法、水粉画法、底色画法（高光画法）、综合画法等来表现。

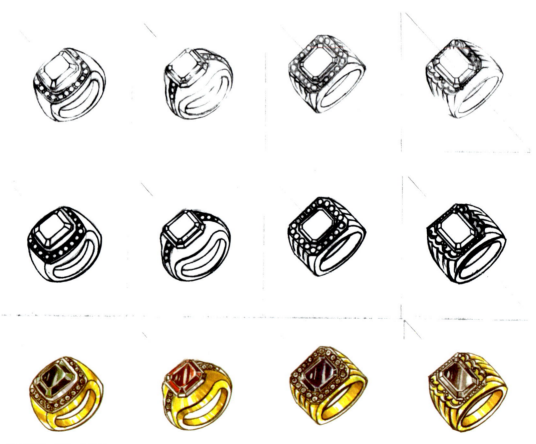

图3-86 男戒草图、线稿、效果图

图3-87 黄金戒指的效果图

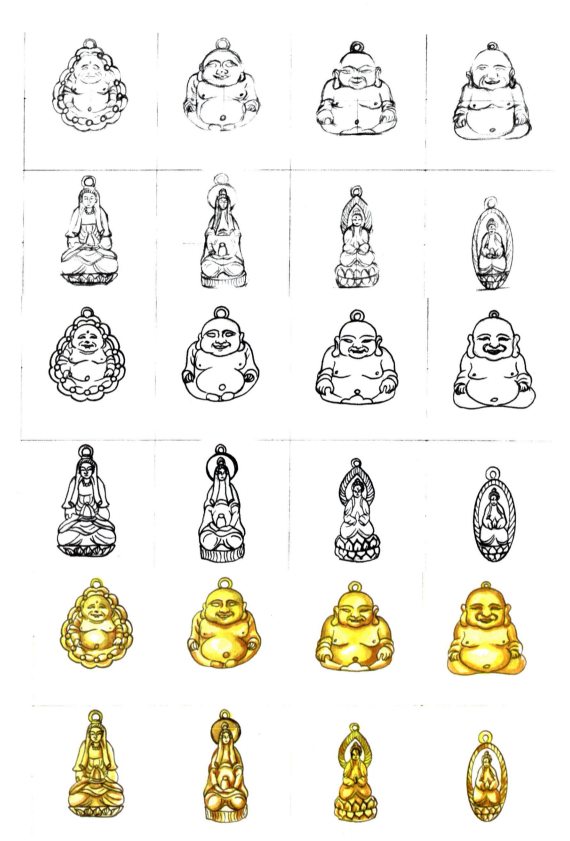

图3-88 素金吊坠的草图、线稿、效果图

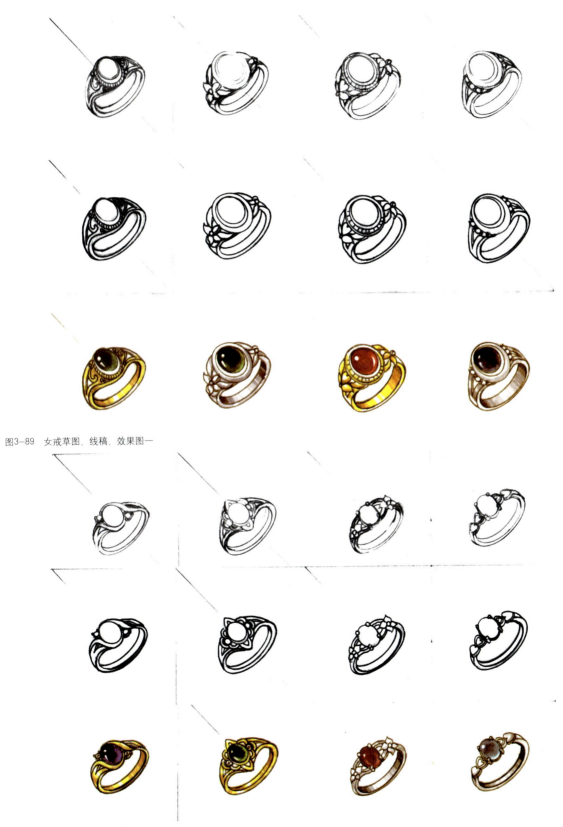

图3-89 女戒草图、线稿、效果图一

图3-90 女戒草图、线稿、效果图二

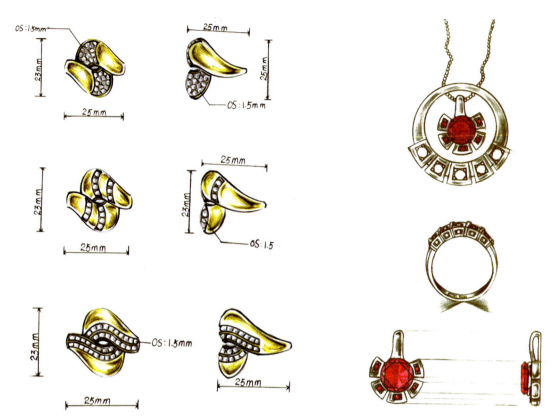

图3-91 戒指效果图   3-92 套件效果图

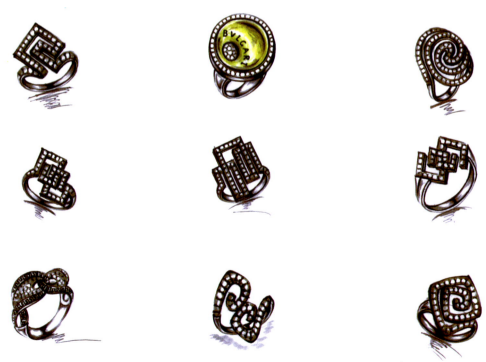

图3-93 群镶效果图

在手绘表现中，需要注意以下几方面的问题：

线条：首饰整体上来说属于形制较小的产品，在设计中一般运用较细的线条，目前常规使用0.3mm的自动铅笔。线条需流畅肯定，要确保所绘制的图形结构清楚，形态明了。

透视：要正确理解透视的概念，在实际绘制过程中，因首饰体积较小，透视关系不明显，需多练习，找寻合适的角度来表现。首饰产品总的来说还是属于工业产品，在绘制中切忌按照传统绘画中的近实远虚，该肯定的结构线条必须肯定。

色彩：在珠宝首饰产品中，无论是其金属材料还是宝石材料，或其他材质，其色彩的搭配非常重要。不同风格、民族、地域、文化均有差异，要正确认识这些差异，才能准确搭配色彩，并最终完成设计。总的来说，无论哪种材质，珠宝首饰的色彩在明度和纯度上均较高，需要绘制出珠宝首饰的晶莹剔透和干净明亮。

表现：运用多种不同的表现技法来表达首饰设计的造型、结构、色彩和质感。

五、电脑效果图

电脑效果图是借助电脑专业软件制作的设计表现图，是一种设计语言的表达方式。电脑效果图具有无可比拟的真实感和灵活性。它可以精确地塑造对象，也可以表达不同的艺术效果。电脑效果图的制作，除了需要相应的珠宝首饰设计等方面的知识外，更需要相关软件的熟练运用，并掌握相应的技巧，才能更好地表达设计师的创意思想。

由于电脑设计建模准确，修改方便，存储方便，尤其是计算机的数据库及人机交互式的特点可以给设计者提供新的灵感，并在设计的过程中实现真正的即时三维立体化设计，首饰设计产品的任何细节都能展现在眼前，设计者可在任意角度和位置进行调整，在形态、色彩、肌理、比例、尺度等方面都可做适时的变动，这是传统设计手段无法完成的。特别是电脑首饰制作技术的发展，使得电脑设计可以通过CNC和RP技术实现快速起版，大大提高了生产力，因此，在国际珠宝首饰领域得到广泛的研究和运用。而且由于电脑首饰设计可以得到真实的渲

图3-94 群镶吊坠电脑效果图正视图

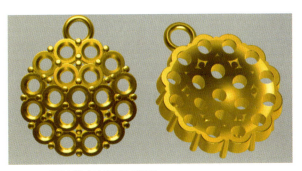

图3-95 群镶吊坠电脑效果图背视图

染效果，因而在制作首饰产品推介或品牌广告等宣传册时得到广泛使用。目前国内大型珠宝首饰企业也大多要求首饰设计师掌握电脑首饰设计的方法。

常用首饰设计软件有Rhino3D、Jewelcad、3Design、3ds Max、CorelDraw、Photoshop等。

对于首饰产品的表现技法无论手绘还是电脑，仅仅只是表现形式的不同，如同用铅笔或者钢笔写作一样。其核心是所表现的作品要有精彩之处，才能获得产品设计的成功，如何利用合适的表现形式完整地表达设计的理念是其根本。适当选择某种技法，或者综合利用多种表现方式，最终的目的是充分展现设计的魅力和产品的概念。作为首饰设计人员，这两种方式都是必须要掌握的基本表现技能，二者灵活运用，定能事半功倍。

图3-96-1　电脑效果图一

图3-96-2　电脑效果图二

图3-96-3　电脑效果图三

一、练习题

1.常见宝石的表现技法。

要求学生在A4绘图纸上绘制所有的刻面宝石，并进行着色。

2.金属的表现技法。

要求学生在A4绘图纸上绘制常见的首饰用金属，主要体现凹面、凸面和平面金属的画法，并进行着色。

3.三视图的表现技法。

要求学生在A4绘图纸上绘制单款首饰的三视图，并学会图纸的选择和尺寸标注，其中，戒指20款、吊坠10款、耳环10款。

4.透视图的表现技法。

要求学生在A4绘图纸上结合三视图中各个单件的款式，利用透视图的表现方法，将平面的三视图绘制成相应的透视图。

5.效果图的表现技法。

要求学生在素描纸上利用水粉、水彩、彩铅、马克笔等工具表现单款首饰的效果图，不少于40款单件。

二、问答题

1.宝石的镶嵌方法有哪些？

2.珠宝首饰设计中手绘表现技法的特点有哪些？

三、论述题

1.手绘表现技法与电脑表现技法的共同点和不同点。

2.珠宝首饰手绘表现技法的重要性和意义。

第四章　设计思维和案例

本章重点

珠宝首饰商务设计的灵感来源及设计的原则和设计细分。

学习目标

掌握珠宝首饰商务设计的创作原理及设计思路。

第四章　设计思维和案例

设计思维是设计的命脉，是设计的灵魂，也是设计的中枢。优秀的设计往往来源于一个好的想法、好的思维方式和完善的推敲过程。设计思维贯穿于整个设计过程，是指导设计、验证设计和完善设计的主线。整个设计思维的过程需要根据设计定位、工艺技术、材料和市场等因素来不断整理，并随着进程的发展而变化。

第一节 ///// 珠宝首饰商务设计的原则

珠宝首饰商务设计既要遵循商业产品开发的规律和原则，又要结合商务首饰自身的特点。纵观首饰商品，即使是低端的仿真首饰或者廉价材料所做的时尚饰品，它们在现代人眼里仍属奢侈品，而非生活日用品。所以消费者购买首饰的目的即使不为保值或者象征身份，但也以产品是否美观和是否适合自身佩戴为出发点。这就是珠宝首饰产品不同于其他产品最根本的区别，也就形成了自己的设计原则。

一、美观原则

首饰是为了装饰和美化人及其相关环境的产物，必须符合人们的现代审美原则。一定是给人舒适的视觉审美和愉悦的精神享受。设计的和谐、美观，不但包括首饰本身各部分之间的构架要和谐，而且首饰与佩戴者的气质、衣着等方面要搭配。在为指定消费群体设计时，这尤其要重点考虑。

1.线条美。

2.造型美。

3.材质美。

4.色彩美。

二、可行性原则

商务首饰的设计不同于艺术款式和单件设计，应与现代首饰加工工艺和技术相结合，要充分运用现代工业产品加工技术和设备，在大批量的生产过程中，始终坚持优化资源、合理选择工艺技术，才能最大程度地发挥首饰产品的附加值。

1.设计可行性。

2.工艺可行性。

图4-1　造型流畅的戒指款式设计

图4-2　电脑绘制的镂空吊坠

三、适合原则

设计要符合目的。无论是客户的要求，还是自身开发产品的初衷，其设计都须按照原有的策划进行，尽可能适合和满足各项规划要求，甚至还需考虑是否适合消费者的佩戴习惯、文化习俗、社会观念等。设计既要考虑形式要素，也要考虑感觉要素。前者指设计对象的内容、目的以及必须运用的形态和色彩等基本要素；后者指从生理学和心理学的角度对这些元素组合搭配的规律，最终都是为了商务首饰的形象典雅、结构巧妙、色彩协调，给人美的震撼和享受。

1.设计目的。

2.佩戴习惯。

3.地域文化。

4.消费观念。

四、经济原则

商务首饰的设计应建立在降低成本和提高效益的基础上，要符合经济原则。只有工艺的创新、制作效率的提高，才能真正地降低首饰的整个制作成本，但控制成本并非降低质量。

1.材料成本。

2.制作成本。

3.营销成本。

图4-3 适合欧美的群镶戒指设计

图4-4 电脑设计的戒指效果图

第二节 ///// 珠宝首饰商务设计的设计思维

在珠宝首饰商务设计中，从设计的构思开始，始终要坚持以美观性、市场性为出发点进行；以工艺可行和成本控制为具体要求。在设计素材的选择和确定中，既要深入生活，也要高度概括，更要与现代人的审美观念、社会文化密切联系。总的来说，设计源于生活，且高于生活。

在设计思维的培养上，要习惯分析、勤于思考、善于总结。运用"品"、"悟"、"道"的逻辑规律，提升自身的思维能力，最终形成自己的思维方式

和设计能力。

品：品尝，对好的、优秀的作品进行鉴别、欣赏。如同美酒，要细细品味，探索其各种滋味，归纳分析其特点，方能了解和掌握其设计寓意。

悟：领悟，需要综合设计师自身在文化、观念、修养等方面的能力，对各种设计素材进行追踪溯源，找到文化内涵，悟出真谛。

道：道法，在品和悟的过程中，不断总结出适合自己的设计方法。在设计水平、表现技巧、方案完善等具体工作中找寻到行之有效的合理技巧。

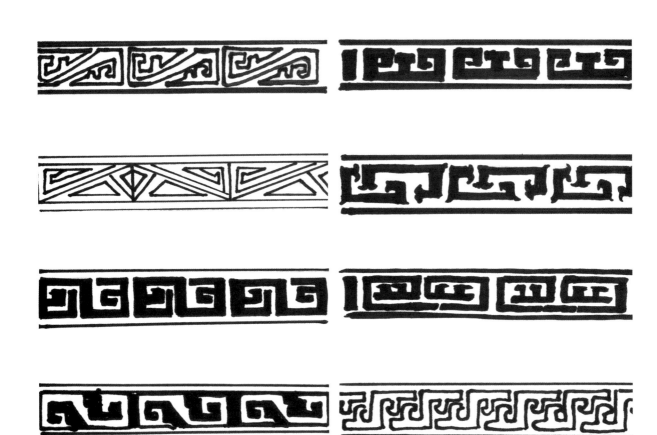

图4-5 回形纹的变化

一、创意的来源和延展

在珠宝首饰店里，有很多没有文化支撑的首饰商品，仅以外观漂亮或材料属于贵金属和天然宝玉石而占据着市场份额，而部分消费者持有保值观念也愿意购买这类产品。但随着经济的发展，文化层次的提高，消费观念的改变，其首饰的文化属性会不断提高，设计的作用也日益明显。同价位或同材质的商品在造型、工艺、寓意上的考究会逐步改善传统首饰产品的市场和消费观念，设计要建立在文化的基础上，要在人类学、文化学、心理学、社会学及风俗习惯上培植根基，提升文化内涵。

1. 传统图案和纹样

传统是相对现代而言的一个时间上的概念，即过去的事物。传统图案和纹样不仅仅指中国，也包括其他国家和民族，在人类的发展历史上，所有地域和民族在漫长的生存历史中，因各种差异，都保留和继承着自身的传统图案和纹样，且所有的图案和纹样都有其自身的文化属性和寓意。

在商务首饰设计中，对于传统图案和纹样的选择上主要考虑其造型和寓意。就中华民族而言，主要是各种祈福、祈愿及有美好寓意的吉祥图案和纹样。

根据首饰及首饰设计的概念，首饰本身也可以作为一个图案或者符号，其主体元素和装饰元素都需要与文化属性协调。

图4—6 传统图案纹样·龙

图4—7 传统图案纹样：凤

图4-8 用龙、凤图案所设计的首饰款式草图

图4-9 传统图案纹样：云纹

图4-10　以祥云图案纹样所设计的首饰草图

2.几何元素

在现代设计中，因人们的审美习惯和视觉感受，几何造型往往带有简约、流畅、整体等特点，无论在工业产品、建筑设计还是在首饰设计中，点、线、面、体的单独造型或组合造型都占有很大比例。

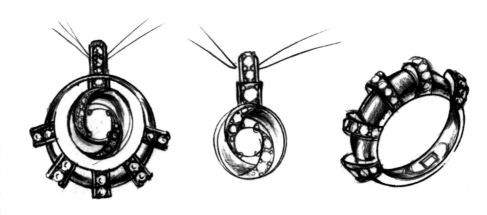

图4-11　以几何形态为元素所设计的首饰草图

3.动植物形态

动物形态：以各种动物的造型为设计对象，结合首饰的款式和结构设计及文化要求，主要对动物的造型作适当的变换。比如中国传统的十二生肖等。

植物形态：以各种植物形态为设计对象，结合首饰的款式和结构需要，以植物的叶、枝、茎、秆、花、果实等为元素。

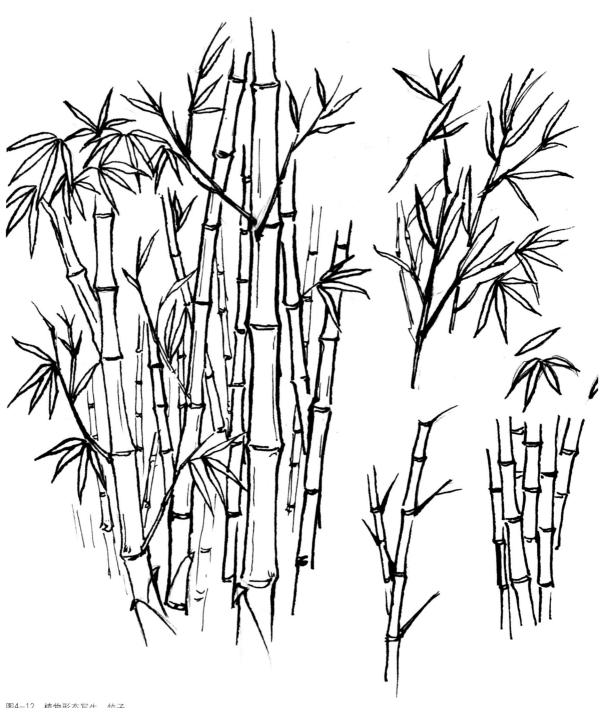

图4-12　植物形态写生：竹子

图4-13　植物形态写生：花朵

图4-14　以植物形态为元素设计的首饰草图

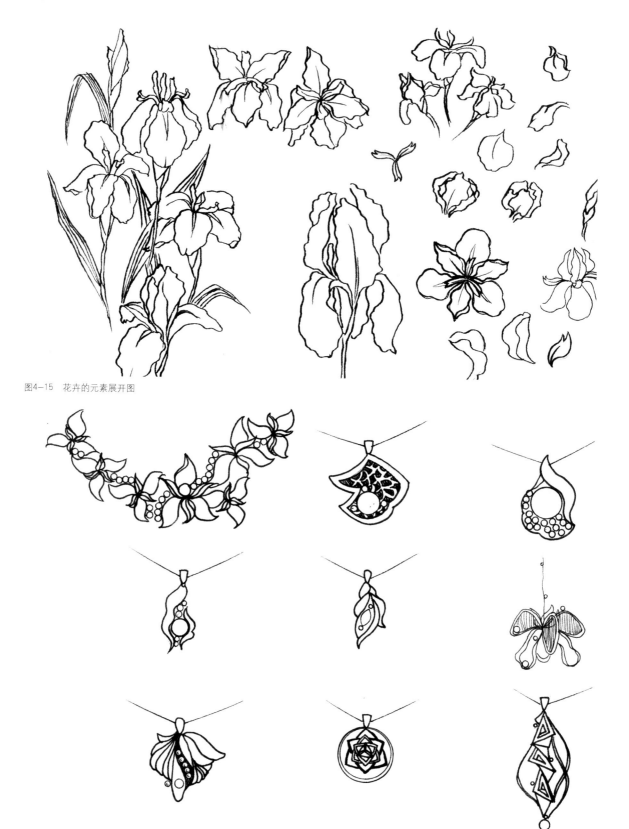

图4-15　花卉的元素展开图

图4-16　以花卉纹样为元素设计的首饰草图

二、设计的构思和变化

首饰设计不同于一般的艺术设计或工艺品设计，既要考虑首饰的造型，还需考虑首饰的结构、表达的语言、配饰和制作工艺。

初学者所设计的首饰款式往往给人感觉是一幅装饰画，或者是一个平面图案设计，没有首饰的效果，主要是没有考虑到首饰的材质、色彩、立体感等。在构思和变化过程中要注意以下的因素：

1.元素：首饰的元素选择上，要根据款式的需要作适当的变化。为满足造型或制造技术，往往需要通过错落、反带、扭曲等技巧来实现。这就要求在设计的时候主体元素一定要尽可能多地在主视面进行展示。

2.材质：尽管首饰的材料使用范围很宽泛，但在材质的搭配上要统一协调，在材质的表现上要根据材料的属性最大化展示材质美。

3.结构：包括首饰的佩戴结构和首饰的工艺结构，合理选用连接结构会增强首饰的美观性和佩戴的人性化。

4.体感：首饰产品体积总体来说比较小，但再小的首饰也不能忽视其立体感，在设计的时候一定要体现厚度，要做到厚度的数据化。

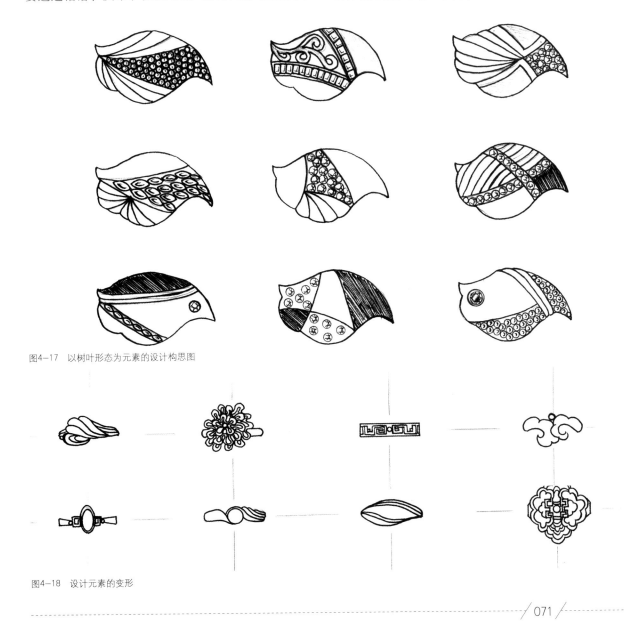

图4-17　以树叶形态为元素的设计构思图

图4-18　设计元素的变形

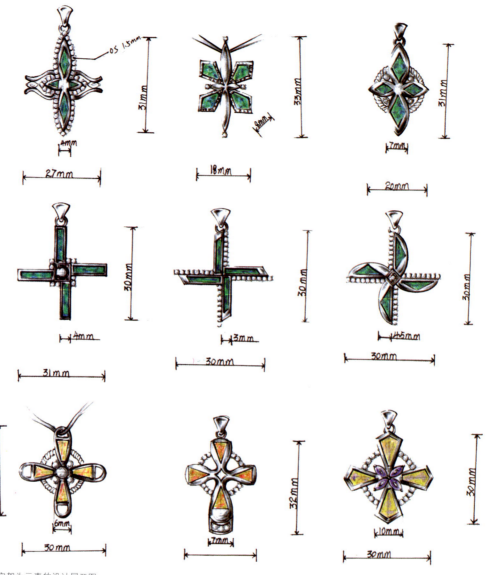

图4-19 以十字架为元素的设计展开图

第三节 ///// 商务首饰的单件设计

商务首饰的单件设计在首饰设计中最为常见，主要是根据首饰的消费观念来决定的，市场上实际销售过程中，一般单件的选择比套件选择要多，且成交率也较高。同时，在单件设计的时候所考虑的因素也相对单一。

商务首饰的单件设计主要考虑其主体元素的内容，做到主次分明，主体突出，辅助得体。对于同一主体元素往往可以展开系列设计，或大量的变款、改款设计。对于不同的主体元素，也可以在同一造型的基础上进行排列组合。

首饰单件包括单款戒指、吊坠、耳环、项链、手链、手镯、胸针等。在单件的设计表现的时候，根据款式的不同进行效果图和三视图的表现，一般戒指款式需要画三视图、效果图，其他款式根据需要选择性画三视图。所有商务首饰的款式都应有详细的数据尺寸和设计说明。

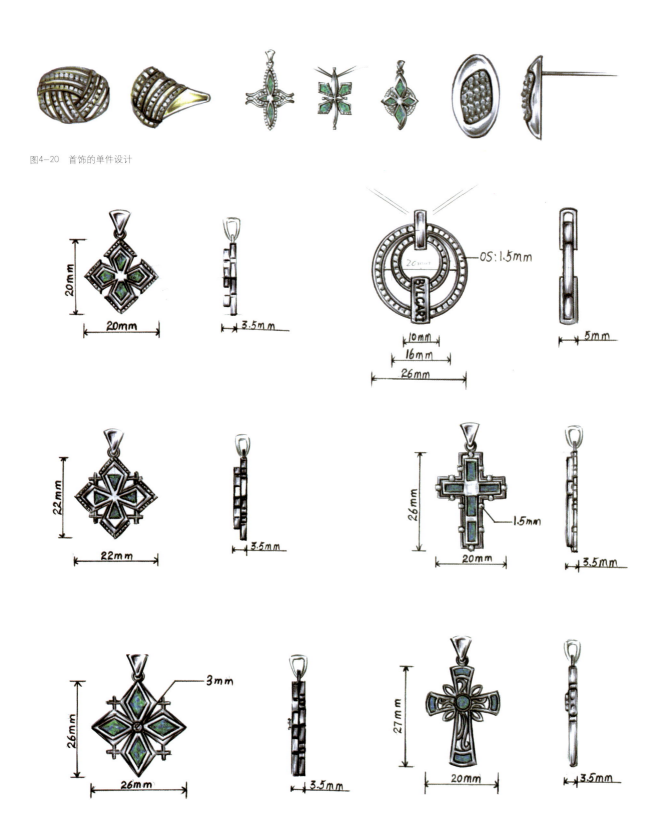

图4-20　首饰的单件设计

图4-21　单款吊坠设计及变款

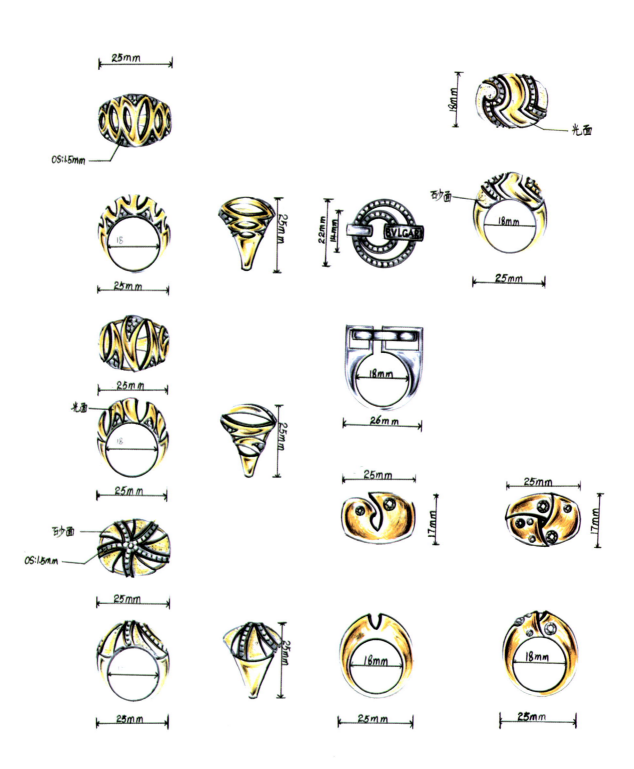

图4-22 单款戒指设计及变款

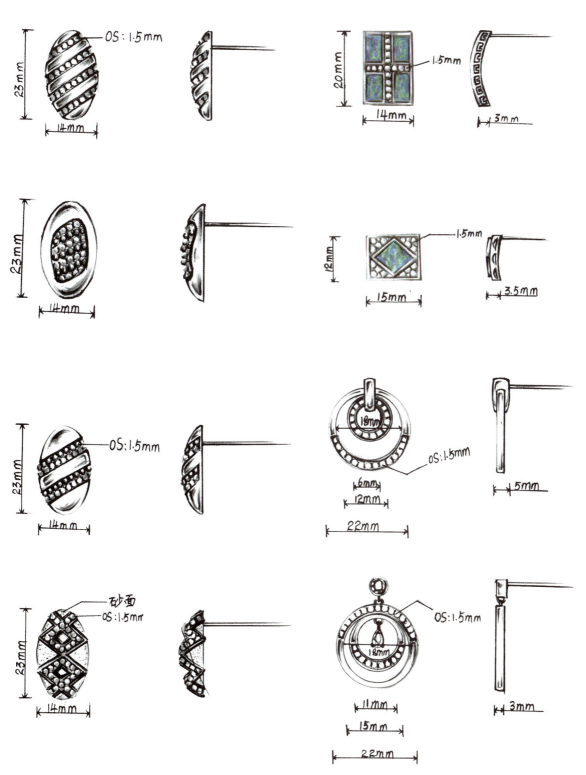

图4-23 单款耳环设计及变款

图4-24　单款手链设计及变款

图4-25　单款手镯设计及变款

图4-26　单款胸针设计一

图4-27　单款胸针设计二

图4-28　单款项链设计

第四节 ///// 商务首饰的主题套件创作

商务首饰的套件设计是相对单件首饰来说的，一般至少两个或两个以上的单件为一套。套件首饰要求必须有相同点或相似点，可以是主体元素的一致、材料的统一、色彩的协调或加工工艺的相同。在最终的首饰成品上，需要统一视觉，形成统一佩戴风格。

套件首饰在创作中，要根据首饰开发的定位策略，充分了解消费对象，切合其品位，找到合理的元素切入设计，始终要紧扣主题，协调统一。尤其注重细节的设计，在刻画细节时要特别留意，要反复推敲，尽善尽美。

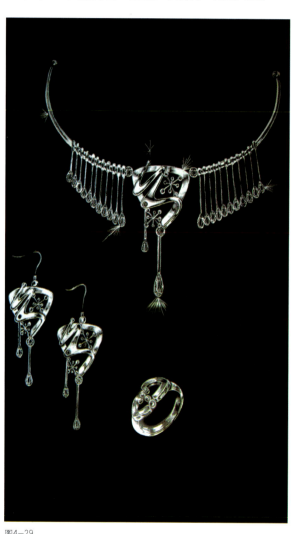

图4-29
主题:火柴天堂
作者:韩志才
指导老师:吴小军
设计说明:寒冷，下雪的夜空，卖着火柴温暖心中的梦，将一根根希望全部点燃，实现心中希望，看到希望之光。

图4-30
主题:依偎
作者:冯箐
指导老师:吴小军
设计说明:遇见你，便不自觉紧紧相依，痴情凝聚我们的爱，弯曲的道路，一齐并肩走过，不离不弃，直到永恒!

图4-31
主题:相约爱琴海
作者:陈金婷
指导老师:陈炳忠
设计说明:纯粹的蓝,清澈的海,风景如画的美丽国度,美丽的爱情传说。一份永远不离不弃的爱情,一份永恒的爱,一句最美的誓言"Yes,I do"诠释了对爱情的责任。

图4-32 五彩缤纷 李委委
设计说明:此款首饰的设计以传统元素为主。首饰的装饰采用象征吉祥如意的云纹和象征富贵的牡丹花纹;首饰的造型以方与圆为主,体现"天圆地方"的传统造物理念;首饰的材料是以珍贵金属的银与冰肌玉骨的陶瓷两种材料的结合。总之,此款首饰的设计不仅体现了中国传统文化"以器载道"的造物思想,同时也呈现了首饰带给我们的五彩缤纷、流光溢彩的审美愉悦。

第五节 ///// 概念设计

概念设计是设计的一种理想状态,同时也是一系列严谨的思考活动过程。从一个构思或者想法的产生到形成一个概念设计的成品,需要有序的、有目的、有计划和有组织地进行。在这个过程中,会将一个模糊的概念变得清晰,一个抽象的事物变得具体。概念设计的核心在于"概念",它是设计的文脉,是产品的灵魂。

概念设计是一个全面的思考和推敲过程,其主要目的是将一个感性的思考或者某一个瞬间的想法

转换成一个理性的、完整的设计方案。但这个完整的设计方案也是相对来说的,它可能在某一方面不符合现代的技术和工艺,可能存在与现实的生活和观念脱节的问题,但对其产品的发展趋势或者科学技术的前进方向有着明确的指向作用和指导意义。

该连接结构的设计理念是完全采用活动的连接结构和功能结构,更好地展示首饰连接结构设计的魅力和重要性。

设计原理:根据螺丝的连接原理,以螺钉金属,然后由金属夹住宝石。该首饰中每个部件均可

拆卸和重新组合，使其具有多种功能，如吊坠可变换为戒指、耳坠等。

工艺要求：金属底座的设计和制作需要高精确度，误差小。连接工艺较简单，需要基本的金工基础。

制作流程：创建基本造型元素、钻孔、螺丝钉与螺丝帽设计，配石，采用螺钉连接宝石的卡口和底座，最后通过一定的排列组合方式将各部件组合成所需款式。

装饰是陶瓷首饰设计的外衣，人们感知首饰时，首先映入眼帘的就是首饰的装饰效果。陶瓷首饰装饰追求艺术美，艺术美是首饰里飘逸出来的设计者所巧妙寄托的内在寓意，是设计者思想感情、审美情趣与客观物体的贯通交融。追求艺术美不仅要借鉴绘画、雕塑和其他艺术的经验，而且要打破时空限制，突破原有的艺术形式，按照设计者的主观设想、按照美的自身内在规律、强化作品意境。探求陶瓷装饰材料、装饰技法的自然天成的美，达到人为装饰美与浑成天然的胎质美、釉色美高度统一，让人在有限中找到无限，使装饰充满美感、充满自由。陶瓷首饰装饰有行云流水、斑斓夺目、五彩缤纷的颜色釉，有青翠欲滴、温润如玉的冰纹釉，有晶莹剔透、光泽闪烁的结晶釉。

陶瓷首饰品种繁多，色彩瑰丽，造型奇特，审美内涵深，意境美妙，风格独特，特别是火的魅力，是其他首饰所不能替代的。

图4-33　概念设计一　吴小军

图4-34　概念设计二　李委委

[作业]

一、练习题

1.首饰单件设计。

要求:

（1）在A4图纸上以植物、动物、几何图形、传统纹样等为主题绘制首饰单件款式的草图，包括戒指、吊坠、耳环、项饰、手链、手镯、胸针等，每个元素至少创意三款单件。

（2）从上面的草图绘制中，选择相对优秀的设计方案在素描纸上绘制首饰单件的三视图和效果图。

（3）标注尺寸和设计说明。

2.首饰套件设计。

要求:

（1）在A4图纸上以传统文化、重大事件或节日庆典等为主题绘制首饰套件款式的草图，至少三个单件为一套。

（2）在素描纸上绘制首饰套件的三视图和效果图。

（3）标注尺寸和设计说明。

二、问答题

1.珠宝首饰商务设计的原则有哪些?

2.如何选择珠宝首饰设计元素?

三、论述题

1.灵感的来源和设计有哪些联系?

2.简单阐述"品"、"悟"、"道"的关系。

第五章 设计能力培养

本章重点

珠宝首饰设计的创造能力和设计能力的培养。

学习目标

提高综合素质，培养创造能力。

第五章　设计能力培养

设计能力是设计师在设计过程中所表现出来的综合能力，是一个设计师根据自身的理解对所设计对象进行全方位综合考虑后所得出的具体方案。在这个过程中，所涉及的所有关于设计的思考、设计的表现技法、设计的深入处理、设计的效果把握以及后续的跟踪，直到产品完成销售，产生效益，都离不开设计师能力的体现。

第一节 ///// 创造能力的培养

设计离不开创新，但创新需要基础和能力，不是异想天开，而是按照科学的方法去培养和提高。珠宝首饰设计是现代艺术设计与科学技术发展相结合的既传统又时尚的产物，是艺术设计学与宝石材料工艺学的交叉学科，融合了艺术、技术、工艺、材料、市场、人文等综合知识。是从物质到精神的升华，是具象到抽象的概括。纵观成功的首饰设计

图5-1
主题:生命之源
作者:赵倩倩
指导老师:吴小军
设计说明:灵感来源于久旱逢甘露。

图5-2
主题:蜗行千里
作者:梁贵
指导老师:陈炳忠
设计说明:蜗牛给人一种执著之意，它没有天生的身体条件，靠执著的信念，不达目的不罢休的决心，一步步艰难地往上爬。我们要认真学习其精神，做一只有梦想，不怕他人冷嘲热讽、勇往直前的蜗牛。

案例，均折射出文化的深层内涵。或是简约的造型，或是轻盈的质感，方寸之间尽显设计的理念，透射出设计的魅力。

创造是指将原本没有的事物通过一定的方法或生产或创作出来，可以是具体的事物，也可以是抽象概括的意识形态。创造一定是人来参与或主导的一种主观行为，是有意识的对世界进行探索性劳动的行为。创造的目的是提出新方法、建立新理论、做出新的成绩或事物，以满足人类发展过程中各个层面的不同需求。

首饰设计的创造能力主要针对首饰产品在原有形态、功能、文化、特征基础上，通过新方法、新技术或新理念进行新产品的创造，可以是款式的创新、结构的改良、佩戴习惯的转换、工艺技术的改进等。

珠宝首饰设计的创造力主要包括以下几个方面：

1.丰富的专业知识。一是对珠宝首饰理论的积累，包括首饰和首饰设计内涵的理解，对首饰设计相关学科的深入学习，并通过大量的实践获得设计的具体技能。二是自身知识结构的培养，包括吸收、记忆、理解知识的能力，分析解决问题的能力等，通过扩大知识面，积累实践经验，来提高欣赏和鉴别能力。

2.敏锐的市场把握能力。关注珠宝首饰的市场动态，及时了解设计的发展趋势，了解各种新材料、新技术、新工艺。

3.创造性思维能力。进行各项拓展训练，运用发散思维、散点思维等方式，找到设计对象的本源，力求突破。

珠宝首饰创造力的培养概括为以下几个方面：

1.求知欲和好奇心，需要设计师有敏锐的观察力和丰富的想象力，特别是创造性想象。

2.灵活性和独创性，培养灵活的思维方式和善于探索和变革的独立创作能力。

3.鉴别和欣赏能力，需要通过优秀的设计作品和成功的首饰案例来提高和丰富自身的鉴赏能力。

4.概括和联想能力，世间万物均有联系，存在即合理。找到事物之间的内在关系，概括其本质，通过联想的方式创造新的事物。

第二节 //// 设计能力的培养

珠宝首饰的设计能力相对创造能力来说显得更为具体和明了，主要针对设计技能的训练和培养。在前面的章节中按照设计的程序阐述了设计的各个步骤，其设计能力就是做好这些步骤的工作。

万丈高楼平地起，打好坚实的基础，是走好设计之路的必要条件。从线条开始，从宝石的基本方法着手，熟悉各种首饰的工艺结构，完善首饰的表现能力。其设计能力主要包括：

1.线条：流畅、均匀。

2.结构：清晰、明了。

3.表现：简洁、大方。

4.体感：厚重、得体。

5.质感：明确、到位。

在首饰设计时，整体效果的把握、风格的统一、表现手法的纯熟、设计作品的完善、都体现了设计能力的重要。好的设计师会运用合理的方式将自己的思维表现出来，甚至在表现的过程中还要做到超越自己的思想。

首饰设计能力的培养主要从以下几个方面来进行：

1.观察：仔细品味生活的细节，注重身边的元素，从细节开始，大事做小，小事做细。

2.思考：善于分析和思索，透过事物的表面追寻事物的本质，找到各个设计元素的内在联系。分析各种表现技巧，合理利用元素。

3.记录：保持良好的记录习惯，对首饰设计有用的设计元素进行有效存储，注重记录其造型、特征、结构和所代表的寓意。

4.练习：勤于动手，无论是传统的手绘练习，还是电脑设计能力，都需要时间的堆积和数量的积累。在实践中寻找真理，在创作中体会成就。

5.对比：多做比较，尤其注重与优秀的作品对比，寻找差距，予以弥补。

图 5-3
主题:凤凰涅槃
作者:陈金婷
指导老师:陈炳忠
设计说明:凤凰是人世间幸福的使者,每五百年,它要背负积累于人世间的所有不快乐和仇恨恩怨,投身于烈火中,以生命美丽的终结换取人世间的祥和幸福。

首饰设计能力的培养需要坚持和忍耐,找准方向,刻苦训练,没有汗水的付出就不会成就优秀的作品。

图 5-4
主题:飘
作者:吴小军
设计说明:简洁的造型,轻盈的体感,体现流动的符号。

第三节 //// 综合能力的培养

综合能力的培养是指首饰设计师的艺术修养,是每一个设计师不可或缺的综合能力,是专业知识以外的整体素养,不能急于求成,也不可一日速成,需要长期的积累和培养。需要从主观上选择性吸收有用的知识,并储存和转化为自身可用的能力。随着科学技术的发展,尤其是在信息时代中,获取知识的途径已相当多,但鉴别优劣的能力还需要靠个人学习积累。

1.把握现代首饰设计中民族、传统、人性、个性等多种要素,加强综合知识的学习。

2.创新的思想源于深厚的文化积淀和对历史素材的重新诠释,现代首饰需要既具有历史文化特征又符合现代人心态的理念。

3.综合能力不是简单的表象设计能力与应用技术能力,它指的是确定设计高度与深度的综合能力。

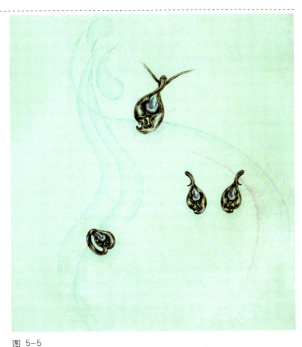

图 5-5
主题:润
作者:冯箐
指导老师:吴小军
设计说明:水润万物,孕育生命,主宰世间万物的生命,承载着地球的灵魂,让我们共同珍惜地球上的每一滴生命之源。

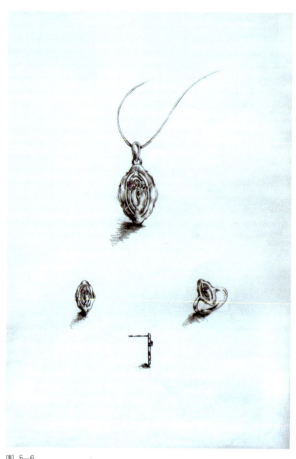

图 5-6
主题:足迹
作者:何坤兰
指导老师:张颖
设计说明:金色的童年已离我们远去,足下的步伐就像年轮,它见证了我
们的成长,把一个个步伐串成我们最珍贵的回忆,这是我们人生最宝贵的
财富。

第六章　结构设计和配件

本章重点 》
了解各类配件的结构和特性。

学习目标 》
在珠宝首饰商务设计中能正确使用和搭配各类配件。

第六章　结构设计和配件

面对现代科技的不断进步，人们精神生活的多元化发展，丰富首饰设计的表现形式是开拓首饰设计市场的新途径。现代首饰设计的主要形式是造型的设计和图案的设计，而首饰连接结构的创新性设计也可以作为首饰设计的一种表达方式。工艺技术的改进是提高产品生产效率、降低生产成本的关键，尤其是在时尚饰品和仿真饰品的商务设计上，其连接结构的改进有利于产业的更新和发展，具有广阔的市场前景。

第一节　//// 首饰结构

首饰的连接结构由原本作为首饰设计中的一个环节逐步发展成新的表现形式和内容，在丰富首饰设计内容、满足社会发展所带来的个性化需求上有着重要的实践意义。首饰连接结构设计已经融入首饰的造型和制作工艺中，如穿孔、镂空和镶嵌等，在推动首饰发展中起到了重要作用，其每一次创新都为首饰发展注入新鲜的活力。

首饰连接结构设计属于首饰制作工艺的范畴，但两者又有区别，后者主要体现于制作工艺技术和加工方法，前者重点强调各个造型元素的组织，且必须符合相应的制作工艺，确保首饰连接结构的实现。

一、首饰结构的分类

按照首饰结构的加工工艺不同可以分为：钻孔结构、粘接结构、排列结构、焊接结构、镶嵌结构、铆接结构、折叠结构、螺旋结构和组合结构等。

1. 钻孔结构：是原始首饰的主要加工方法和连接结构，目前广泛应用于现代首饰设计中。例如，珍珠首饰以及应用于各种彩色宝玉石中的钻孔结构设计，通过钻孔后用线连接使宝石最大程度地展示出来。

2. 粘接结构：主要应用于低档的小饰品、仿真首饰和其他装饰物中，其优点是结构简单，操作方便，成本低廉。

3. 排列结构：主要表现在艺术首饰的设计中，通过一定的顺序将各造型元素进行排列，创造出新的造型结构。

4. 焊接结构：焊接连接结构是借助热或加压将两个或两个以上部件在焊接处形成原子或分子间的结合，从而构成不可拆连接。该结构普遍应用于现代首饰制作中，其特点是工艺工程简单、费用低。

5. 镶嵌结构：镶嵌连接结构是首饰结构设计中最为常见的一种方式，也是发展最完善、应用效果最好、工艺变化多样的结构设计，如运用梯方钻石的无边包镶和蜡镶工艺等，但其基本工艺不变。该结构的爪镶是最为快速和实用的镶法，能够最大程度地突出宝石的光学效果，对宝石的遮盖最少，款式的变化和适用性也最为广泛。包括爪镶、包镶、钉镶、迫镶、蜡镶。

6. 铆接结构：是利用铆钉把两个或两个以上的部件连接在一起的方法，主要应用于手镯、手链、戒指、吊坠等闭合结构中。其主要作用是连接各个部件，特点是不用焊接而直接通过物理方式进行连接，且使用者可自行组装和设计款式。该结构设计在现代首饰设计中将有很大的发展空间，为实现首饰多功能和首饰自主设计提供新思路，也为丰富首饰内容和表现形式创造新方法。

7. 折叠结构：主要表现在首饰的连接结构中，以活动的结构连接首饰中各造型元素，使每部分可在一定范围内折叠。

8. 螺旋结构：主要表现在项链、手链、手镯等的连接结构中，通过旋转的方式连接首饰的两段，调整其大小以适合佩戴。其特点是结构简单、装拆方便、互换性强和成本低。

9.组合结构：是使用两种或两种以上的结构，在对主石镶嵌的同时铆合设计连接部位，该结构的应用使首饰的表达形式更为丰富，往往应用于豪华型首饰中，突出首饰的精致与工艺技术的完美结合。

首饰结构是首饰设计中的重要环节，是每款首饰必不可少的设计部分。合理、新颖、创新的结构设计将赋予首饰新的内容，增加其美观度和提升附加值，促进首饰行业的发展。

二、创新首饰连接结构的应用设计

方案一：迫镶与螺旋连接的组合应用

该款连接结构是概念设计中螺旋结构的衍生，在概念设计的指导下，经过实践和探究，发现现代首饰加工工艺中的常规技术较难达到概念设计中的理想状态，使用先进的计算机辅助加工又将增加其制作成本。所以，在应用设计中作出如下改进，首先，保留其螺旋连接结构方式，仍然以螺钉和螺帽进行连接，采用螺纹结构的牵引力将宝石牢固地卡在预留的卡口里面。

该设计的连接结构具有连接牢固、方便拆卸的优点。在其设计的概念中推出宝石的自由组合概念，无形中增加了首饰的附加值和趣味性，让首饰的佩戴更具有美观性和亲和性，在满足首饰装饰美的同时起到丰富首饰概念的作用。

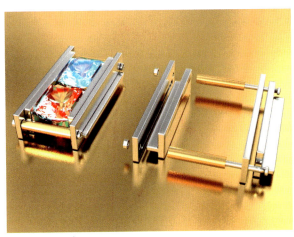
图6-1　迫镶与螺旋连接结构的吊坠设计效果图

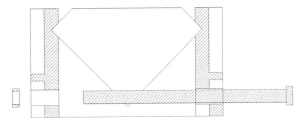
图6-2　迫镶与螺旋连接结构的吊坠设计剖面图

图6-3　迫镶与螺旋连接结构的吊坠成品

在制作过程中手工钻孔的方式就可以满足其加工的需求，在其拆分后各个元素加工中也较为方便。材料的使用比较宽泛，适合各种首饰用金属材料和宝石材料，在制作的时候做到宝石的金属材料的合理匹配即可。

方案二：单一的螺旋连接结构应用

该款设计的连接方法是在宝石底座上通过凹槽固定宝石左右和下方的位置，然后利用螺丝钉从顶部将卡口和底座连接起来，以固定宝石上方的位置。

连接结构的设计沿用前面在概念设计中所提出的螺纹连接结构，是其进一步的细化后创新设计的应用方案之一。其连接结构的设计沿用"可拆卸、自由组合相同规格宝石的动连接结构"的概念，让首饰的语言变得丰富，使其不再是单一、固定的单款首饰。该设计的优点在于：①加工技术简单，操作方便灵活；②可按照佩戴者的意图任意更换宝石；③增加了首饰的趣味性和灵活性；④提升了其产品的附加值。

该设计在具体应用中使用范围广，既可以运用在天然的高档宝玉石首饰中，也可以运用在低端的人工宝石首饰。在制作过程中，其难点在于前期金属底座的制作，尤其是螺丝孔的加工需要做到精确度高，但在后期的连接过程中工艺简单，只需要基本的金工知识。

和转换首饰审美的观念上有进一步的指导意义。

本款首饰的设计使用传统的圆形为基本元素，灵感来源于"桥"。通过对桥的仔细观察和体会，融合传统文化中的回形纹，有一种峰回路转，柳暗花明的感受；淡水珍珠在其间的留连和徘徊，更是生活的一种雅致情趣，寓意着人生处处存在转机和希望。

该连接结构的设计中，珍珠是镂空在金属之间的，通过金属在四个方向上的牵引力将珍珠围绕在中间，改变了传统中珍珠以钻孔的方式进行连接的结构，使得珍珠的质地能更完美地展现，在佩戴的过程中，随着外力的作用，珍珠将在镂空的空间里面自由跳动，给人愉快的心情和轻松的精神享受。

在加工过程中，金属螺纹的制作相对较难。需要借助紧密车床或者数控车床，使其公差控制在 $\pm 0.01\,mm$ 的范围内。在后续的连接工艺和佩戴者的自由组合方面比较简单。

图6-4 螺旋结构的效果图

方案三：隐藏螺纹连接结构应用

该款设计的连接结构也很有特色，其连接方式仍然采用螺纹连接结构，在连接过程中使用了隐藏结构，将螺母的造型元素融合到首饰整体造型中，使其成为首饰的一个装饰部分。在设计的过程中，进一步细化连接结构和设计的寓意，进一步提升装饰美和人们对首饰的精神追求。

本款连接结构的设计在构思中有着比较深入的思索。意图达到首饰连接结构的人性化和情感化。在考虑如何连接的同时更多地关注首饰的文化和首饰的内涵，让连接结构巧妙地融合为首饰造型中不可分割的一部分，使其达到连接作用的同时起到为首饰增加价值的目的。在丰富首饰连接结构的方式

图6-5 隐藏螺纹连接结构的效果图

第二节 ///// 配件

Ot链扣		
S链扣		
W链扣		
别针兔子扣		
带圈链扣		
手链T字扣		
链扣		
弹簧扣		
弹簧搭扣配件		
龙虾扣		
瓜子扣		

配件一

带夹耳钩		
带线圈耳钩		
带针耳钩		
耳钩		
耳夹		
U型耳环配件		
带球耳线		
耳针		
耳拍		
法式耳环配件		

配件二

圆球粘镶耳针		
胸针配件		
绳头夹		
橄榄珠		
弯刀橄榄珠		
磨砂银珠		
车花圆珠		
球形珠		
光身橄榄珠		

配件三

光身银珠		
弹簧耳堵		
小银圈		
耳堵		
圆珠银针		
扭纹管		
银管		

配件四

[作业]

一、问答题

1.结构设计在首饰设计中的分类。

2.结构设计在首饰设计中的重要性。

二、论述题

1.首饰结构概念设计在首饰设计中的意义。

2.首饰的结构与首饰的多功能之间的内在联系。

参考文献

1.邹宁馨 现代首饰工艺与设计【M】 北京 中国纺织出版社 2005

2.郭新 珠宝首饰设计【M】 上海 上海人民美术出版社 2009

3.吴小军首饰结构设计 【J】 武汉 宝石和宝石学杂志 2009

4.www.gzdimai.com